宠物知识 | 口令训练 | 互动游戏 | 用品 DIY

A Kid's Guide To Cats

你好！小猫

亲子养猫全书

[美] 雅顿·摩尔◎著　续娣宁◎译

北京科学技术出版社

著作权合同登记号　图字：01-2022-3206

图书在版编目（CIP）数据

你好！小猫：亲子养猫全书 /（美）雅顿·摩尔著；续娣宁译. —北京：北京科学技术出版社，2024 .3
书名原文：A Kid's Guide to Cats
ISBN 978-7-5714-2896-9

Ⅰ. ①你… Ⅱ. ①雅… ②续… Ⅲ. ①宠物 - 驯养 - 儿童读物 ②猫 - 驯养 - 儿童读物 Ⅳ. ① S865.3

中国国家版本馆 CIP 数据核字（2023）第 024775 号

策划编辑：	王宇翔
责任编辑：	张　芳
封面设计：	李　一
图文制作：	天露霖文化
责任印制：	张　宇
出 版 人：	曾庆宇
出版发行：	北京科学技术出版社
社　　址：	北京西直门南大街16号
邮政编码：	100035
电　　话：	0086-10-66135495（总编室）　0086-10-66113227（发行部）
网　　址：	www.bkydw.cn
印　　刷：	北京宝隆世纪印刷有限公司
开　　本：	787 mm × 1000 mm　1/16
字　　数：	115千字
印　　张：	8.75
版　　次：	2024年3月第1版
印　　次：	2024年3月第1次印刷

ISBN 978-7-5714-2896-9

定　　价：79.00元

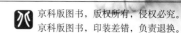

致 谢

感谢在我生命中出现过的所有猫咪，它们教给我很多宝贵的人生道理。感谢在我撰写本书期间陪伴我的"喵星"伙伴——自信的橘色虎斑猫凯西。

感谢我的热爱宠物的家人，特别是朱莉、凯文、卡伦、里克、德布和吉尔。

向所有兽医和猫科动物行为学家致以崇高的敬意，他们使我对猫咪有了更全面、更深入的了解。特别感谢马蒂·贝克尔博士、伊丽莎白·克莱尔博士、爱丽丝·蒙恩法内丽博士和猫咪表演团 Amazing Acro-Cats 的萨曼莎·马丁。

最后，我要感谢斯托利出版社的工作人员，特别是本书编辑丽莎·海利，感谢他们帮助我实现了梦想——为孩子创作一本关于猫咪的书。感谢出现在本书里的猫咪小明星：木法沙、里基、露西、基夫等。

雅顿和凯西

孩子，你好！

猫咪是很酷的动物，这一点你知我知，猫咪自己也知道！

从 8 岁开始，我总是幸运地有一两只猫咪相伴。我的童年伙伴可奇就是一只非常友善、热爱冒险的暹罗猫。

那时，我住在美国印第安纳州的克朗波因特，我家后面有一个小湖，可奇总会陪我在湖边钓鱼。它很爱吃我钓的蓝鳃太阳鱼，它也很喜欢和我的两条狗一起游到漂在小湖中央的木筏上晒太阳。每当我和小伙伴游完泳准备乘木筏返回时，我都会把可奇放回水里，它会开心地游回岸边。游泳时，它那长长的尾巴摆动着，像船舵一样控制着方向。一回到岸边，可奇便会甩甩湿漉漉的小爪子，然后找一个阳光充足的地方晒干身上的毛。

在可奇之后，我还养过许多猫咪，有萨曼莎、墨菲、凯莉、小家伙（也可以叫它小老弟）、泽基、麦奇、莫特，

以及现在陪伴我的凯西。每只猫咪都有不同的性格，每只猫咪都让我感觉生活变得美好。你在生命中也会遇到一只特别的猫咪，它会让你的生活变得美好。

每只猫咪都应该有安全感，应该学习一些技能，并和它们最喜欢的人（也就是你！）共度美好的时光。在本书中，我和凯西将教给你关于猫咪的一切，以及饲养猫咪的知识，帮助你成为猫咪最好的朋友。无论你是已经养了很长时间的猫咪，还是刚刚拥有一只猫咪，你都能通过阅读本书有所收获。那么，现在就开始吧！

击爪！

和凯西打个招呼

凯西是本书的小向导，它是一只搞笑又自信的橘色虎斑猫。在凯西4个月大的时候，我从美国圣迭戈动物保护协会领养了它。这只瘦长健壮的"打呼噜小机器"迷倒了见到它的所有人，甚至是见到它的所有猫猫狗狗！

凯西热爱学习，它非常善于与人互动，比如它会听从我的口令走过来、坐下、端坐不动、与人击掌打招呼，以及原地转圈。外出时，如果系着宠物牵引绳，它能乖乖地和我一起散步；如果我推着宠物推车，它就会骄傲地端坐在里面。它甚至喜欢我打扮它，比如戴一顶小牛仔帽或者系一个小蝴蝶结。

我带着凯西去过美国的12个州，举办宠物急救培训和宠物行为讲座。在我所居住的社区，凯西作为治疗猫与参加动物收容所体验营的小朋友互动，或陪伴养老中心的老年人。在"凯西有话说"小专栏里，它会告诉你许多有趣的知识和实用的建议。

目 录 Contents

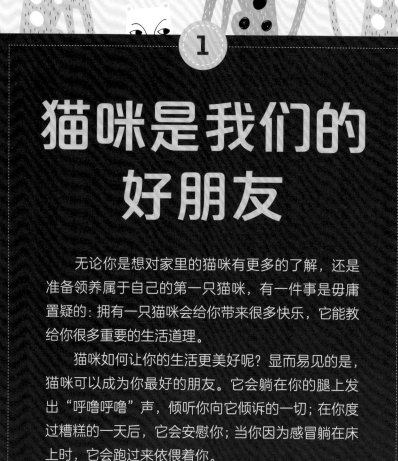

1

猫咪是我们的好朋友

　　无论你是想对家里的猫咪有更多的了解，还是准备领养属于自己的第一只猫咪，有一件事是毋庸置疑的：拥有一只猫咪会给你带来很多快乐，它能教给你很多重要的生活道理。

　　猫咪如何让你的生活更美好呢？显而易见的是，猫咪可以成为你最好的朋友。它会躺在你的腿上发出"呼噜呼噜"声，倾听你向它倾诉的一切；在你度过糟糕的一天后，它会安慰你；当你因为感冒躺在床上时，它会跑过来依偎着你。

欢笑是最好的良药。猫咪可以让你开怀大笑，尤其是它在家中跑来蹿去，钻进空箱子里玩耍，为了玩水跳到浴缸里等你打开水龙头时。有这样一只能逗你开心的猫咪，你怎么会感到悲伤孤单呢？

猫咪会教给你一个很重要的品质——耐心。猫咪天生喜欢独处，有的猫咪甚至有点儿害羞，所以你得学会耐心等待，等它做好准备跟你一起玩。你得学会慢慢靠近它，用平静温柔的语气跟它说话，这样它才会主动靠近你，而非被你吓得从房间里冲出去。你要学会集中注意力感知猫咪的感受和需求，这样也有助于让你学会如何更好地理解身边的人。

猫咪让你成为有责任心的孩子。你需要给猫咪喂食，帮助它清洁和梳理它的被毛，和它一起玩耍。当然，你还要清理它的猫砂盆。

养猫对你的健康大有好处

下面是养猫对你的健康的好处。

* 猫咪可以帮助你减轻压力、缓解焦虑。猫咪发出的"呼噜呼噜"声是世界上最舒缓、最能安抚人心的声音之一。当你对即将到来的数学考试感到焦虑紧张时，去找那只会发出"呼噜呼噜"声的四脚小可爱吧！抚摸猫咪可以促使你的大脑释放出一种有利于镇静的化学物质，这种化学物质可以降低血压和心率。这听起来真酷！

* 猫咪可以增强你的免疫力，让你不那么敏感。从小就跟猫咪接触的孩子更不容易对尘螨、花粉和杂草等过敏。

本猫咪允许你为我抚背！

当我感到舒服惬意的时候，我会发出"呼噜呼噜"声。告诉你一条很酷的猫咪小知识：一些大型猫科动物，比如美洲狮，也会发出"呼噜呼噜"声。但是，狮子不会发出这样的声音。我们猫咪在吸气和呼气的时候都能发出"呼噜呼噜"声。哈哈，你肯定做不到这一点！不信的话，你可以试一试——你只能在呼气的时候发出这样的声音。

会发出"呼噜呼噜"声

不会发出"呼噜呼噜"声

会发出"呼噜呼噜"声

让猫咪开心做自己

对待猫咪最好的方式就是不要把它当作小孩子或狗狗。猫咪的思维、动作和行为与人类和狗狗的大不相同。让猫咪开心做自己，它就是一只毛茸茸的猫咪。

与狗狗不同，猫咪天生不会取悦人类。下面我会向你介绍猫狗之间5个重要的不同之处。

1. 猫咪是独来独往的"猎人"，尽管它们是社会性动物，但它们不需要通过其他动物或人类来获得满足感。狗狗则会成群捕猎，它们通常更喜欢人类的陪伴。

2. 通常猫咪的活跃时间段为黄昏到第二天黎明（昼伏夜出），狗狗则在白天更活跃（夜伏昼出）。

3. 即使是再黏人的猫咪也更愿意留在家里，而非陪主人外出。而大多数狗狗更喜欢跟着主人出门。

4. 绝大多数猫咪天生就会使用猫砂盆，你只需让它们知道猫砂盆在哪里，并且勤于清理猫砂盆。狗狗则需要很多帮助和训练才能学会如何在家如厕。

5. 猫咪能发出各种各样的声音（有研究表明，猫咪能发出100多种声音），然而狗狗通常只能发出约20种声音。但狗狗的表情更丰富。

我抓泡泡很厉害！

猫咪统治世界，
狗狗吐舌傻笑

Candid
坦率

Attitude
我行我素

Tenacious
固执

So what?
那又怎样?

Drool
流口水

Obey
服从

Goofy
傻笑

Seconds, please!
等等我!

"猫史" 小课堂

几个世纪以来，人类对猫咪的感情一直是"爱恨交织"的。猫咪非常有耐心，并且很善于观察周围发生的事情——这也许在一定程度上可以解释为什么狗狗在新石器时代就已经成为人类的伙伴，而猫咪却在几千年之后的古埃及时期才被人类驯服。古埃及人将猫咪当作神明来供奉，但在中世纪的欧洲，猫咪却被误认为与巫术有关，这导致成千上万的猫咪被残忍杀害……

幸运的是，猫咪最终还是重新赢得了人类的喜爱。一个很重要的原因在于，人类需要它们来保护储藏的粮食不被啮齿动物偷吃。例如，早期在轮船上，猫咪是重要的船员——如果没有它们，船上储藏的大部分食物就会被老鼠吃掉。如今，猫咪是全世界最受人们喜爱和欢迎的宠物。事实上，在美国，宠物猫比宠物狗多 7 800 万~8 600 万只。一些宠物猫在社交媒体上还是拥有几百万忠实粉丝的明星。对不起啦，狗狗，事实就是如此！

古埃及人相信，化身为猫的女神贝斯特是法老的保护神。

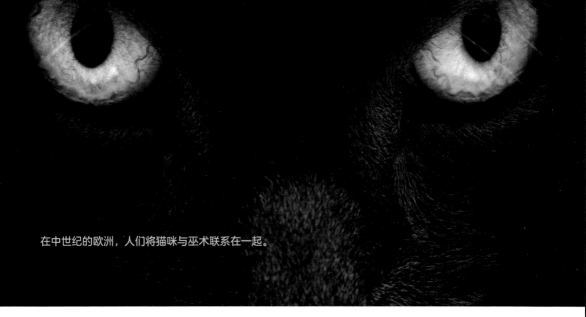

在中世纪的欧洲，人们将猫咪与巫术联系在一起。

其他语言中的"猫"

全世界的小朋友和猫咪都是好朋友。"猫"用其他语言应该怎么说呢？

切罗基语
ᏬᏏ

阿拉伯语
قطة

法语
chat

德语
Katze

希伯来语
חתול

夏威夷语
popoki

俄语
кошка

泰语
แมว

意大利语
gatto

西班牙语
gato

9

认识你很高兴，小猫咪！

尽管猫咪已经被人类驯养了几千年之久，但是很多猫咪在第一次与人见面时还是会非常谨慎，甚至有点儿警惕。它们绝不会像大部分狗狗一样飞奔过来跟你打招呼，并直接把你当作好朋友。

想要赢得一只陌生猫咪的好感，你需要遵守猫咪的基本行为准则：让猫咪迈出第一步。即使你觉得自己是一个友善、外向的人，并为此感到自豪，在与猫咪接触的时候你也要收敛一点儿。无论是外向的猫咪还是害羞的猫咪，它们都更喜欢按照自己的方式与人类交往。这意味着你不能主动出击，不能举止粗鲁，不能大喊大叫，也不能一直盯着它们。这些行为都容易刺激猫咪。

慢慢来

如果猫咪对你表现出了一点儿好奇，但还是不敢接近你，那么试试用

值得注意的信号

与一只猫咪初次见面时，你一定要注意它的肢体语言。有些猫咪不太喜欢被人类关注和抚摸。如果猫咪感到害怕，它就会蜷缩身体，低着头，让自己看起来不起眼；当你靠近它时，它会拱起背，出现飞机耳——这些都是它感到危险的信号，接着它可能会逃跑或者用爪子打你。如果你忽视这些信号继续靠近它，它就会发出"嘶哈——"的声音，这是在警告你离开！

但是，如果猫咪眼神很温柔，耳朵、尾巴都翘起，身体放松，这说明和你待在一起时，它感到很放松。

有陌生人，危险！

零食或小玩具赢得它的心吧！你可以轻轻地把一两块零食扔到远一点儿的地方，这样它就不用担心在吃零食的时候被你抓住，能够放下戒心；你也可以用小玩具让它追着玩。注意，有些猫咪很喜欢和人类玩游戏，但它们不喜欢被人类抚摸！

猫咪的性情与社交方式不尽相同。有些猫咪可以自信地与人类打招呼、交朋友，但是大多数猫咪都只能慢慢地与人类培养感情。在你和猫咪互相熟悉的过程中，让猫咪掌握主动权，这样你才更有可能在信任的基础上与

凯西有话说

接下来，我要教你一个能获得猫咪好感的秘诀：慢慢地向它眨眼睛，然后看它的反应。如果猫咪对你也有好感，它会温柔地向你眨眼，甚至会发出"呼噜呼噜"声。每当有人对我温柔地眨眼睛时，我都会靠近他，然后我就会得到一份好吃的零食。这真是美妙的经历！

它建立一段长久的友谊。请翻到下一页，看看我为你推荐的和猫咪打招呼的方法吧！

我们也许会成为朋友。

如何与新认识的猫咪打招呼？

1 缓慢安静地移动，注意手不要乱动。用温柔的语气小声地说话，不要直勾勾地盯着猫咪——警觉的猫咪会认为你在向它挑衅。尽管很难做到，但你要表现得像没看见它一样。

2 坐下来，让猫咪主动靠近你。猫咪天性好奇，给它一个了解你的机会吧！缓慢地呼吸，让它知道你不会突然做出什么举动。猫咪可以"嗅"出你的情绪，它能感受到你的开心、悲伤、紧张或者愤怒。

3 当猫咪靠近时，你要继续避免与它有眼神接触。当它对你产生了好奇，想要接近你的时候，它可能会踌躇不定，进一步，退两步。

4 如果猫咪已经准备好接近你了，记得要让它先迈出第一步。它可能会用鼻子碰碰你的腿，闻闻你的鞋，或者大胆地用身体蹭蹭你。你需要始终保持呼吸平稳，坐着不动。你可以快速看它一眼，然后慢慢移开视线。

5 将你的食指伸到猫咪头部前方。全世界的猫咪都明白，这是邀请它用脸颊蹭手指的动作。猫咪会先闻闻你的手指，然后侧过头，让你摸摸它的脸颊；或者低下头，用头碰碰你。这套动作就是猫咪世界的"握手礼"。

6 轻轻地把手移到猫咪的背上。如果它不介意，你就可以从头到尾地抚摸它，要留意它是否愿意被摸耳朵或挠下巴。注意，当猫咪表现得不耐烦、想要离开时，你要停止抚摸它。

像猫咪一样思考

是时候上一堂"猫咪心理学"课了，我们来了解一下猫咪都在想些什么。

捕食者和猎物。你可能知道猫咪是捕食性动物，它们会捕捉和杀死体形较小的动物。但你知道吗？捕食性动物自身也是其他动物的猎物，因此在动物世界中，猫咪既是凶猛的捕食者，也是弱小的猎物，要时刻对会捕食它们的动物捕食者（比如郊狼或鹰隼）保持警惕。

这只猫咪不太"冷"。虽然大多数猫咪表现得很冷漠、不合群，但是当你和你的猫咪建立起亲密的关系后，你的猫咪会很喜欢和你待在一起。猫咪确实比狗狗更独立，也不介意独处，然而这并不意味着它们可以在你出门度假时能照顾自己！猫咪需要你的关注和陪伴。

打哈欠，伸懒腰。猫咪每天并不会消耗太多能量，它们像小孩子一样

凯西有话说

人们都说猫咪很挑剔，但我不同意。的确，相比狗狗，我们猫咪对食物更挑剔。也许原因之一是猫咪只有 473 个味蕾（而狗狗有约 1 700 个味蕾），所以我们喜欢味道丰富而浓郁的食物，比如鱼。鱼对猫咪来说就是美味佳肴！

喜欢睡觉，讨厌被叫醒。事实上，大多数猫每天可以睡 16 ~ 18 小时！

不喜欢惊喜。猫咪喜欢规律的生活。知道什么时候在哪里会发生什么能使它们感到安心。虽然它们不会看钟表，但它们知道自己什么时候吃午饭，以及你什么时候放学回家——它们会准时守在门口等你回来。

哈呼——我今天只睡了 15 小时。

精通“猫言猫语”

在猫咪相互交流时，它们往往不会发出声音，它们的交流以肢体动作为主。但是，在与人类交流的过程中，猫咪学会了“语言表达”。猫咪有很强的理解能力，它们很快意识到，人类经常无法理解那些对它们来说浅显易懂的肢体语言，于是它们学会了通过发出一系列声音来与人类交流，这些声音有着不同的含义。猫咪真聪明，对吧？！

猫咪“说话”直来直去。猫咪从不欺骗或伪装。如果感到被威胁或愤怒，它们就会发出"嘶哈——"的警告声、低吼声或嗥叫声，甚至会直接逃

跑。如果感到满足，它们可能会发出"呼噜呼噜"声。你要牢记，猫咪听得懂"零食""晚餐"等关键词，也能理解"嘿，离开桌子！"这样的命令。

以下是一些猫咪经常发出的声音及其含义。

"唧唧"。这种悦耳的、像鸟叫声一样的颤音是猫咪用喉咙发出的。猫咪会对喜欢的人发出这种声音，这种声音代表"很高兴看到你！"或者"你来啦！"

"喵喵"。猫咪会用这种愉快的、尖尖的声音来提醒人们帮它做一些事，比如倒猫粮或者挠挠它的下巴。

"喵呜——"。猫咪会在提出要求和不高兴时发出这种拉长的、急切的声音。它在告诉你"你忘记喂我了"或者"我想出去玩"。

喵呜——

"呼噜呼噜"。猫咪在感到满足时会发出"呼噜呼噜"声。猫妈妈在给小猫喂奶时也会发出这种声音，这种声音能安抚小猫。然而，猫咪在害怕的时候也会发出"呼噜呼噜"声，所以你会听到一些猫咪在宠物医院发出"呼噜呼噜"声。

"咔咔"。当猫咪透过窗户看到一只鸟或松鼠时，它可能会发出"咔咔"声。这意味着它看到猎物而兴奋不已，又因为逮不到眼前的猎物而沮丧。这时，千万不要抚摸它，因为一旦你吓到了它，它就有可能本能地打你或咬你一口。

嘶

哈

"嘶哈——"。这是猫咪感到愤怒时发出的声音，它在告诉你"走开！"。此外，当猫咪感到特别愤怒或害怕时，它还会发出吐口水的声音。

低吼。当你的猫咪冲着其他猫咪低吼时，如果后者不投降，一场战斗即将打响！猫咪在保护心爱的玩具时，或者不愿意被人抚摸时，也会低吼。一定要注意这个声音，否则你可能会感受到"猫爪神功"的威力。

当我真的喜欢一个人的时候，我会轻轻地低下头，和那个人头碰头，这是我们猫科动物的最高礼节。头碰头时，我们会用自己的气味来标记那个人，这表示他被划入了我们的朋友圈。这时，我们通常会发出响亮的"呼噜呼噜"声。

有胆量的话，你就过来！

嗥叫。猫咪只有在特别愤怒或痛苦时才会发出这种持续的、尖尖的叫声。它们也常在打斗时发出嗥叫声。如果你抚摸你的猫咪时，它发出了嗥叫声，你就得立即带它去看医生了。

"喵星人"
知识小测试 1

下列说法是否正确?

1. 猫咪在黑暗中也能看清东西。

2. 刚出生的小猫的眼睛都是蓝色的。

3. 猫咪只有在感到满足时才会发出"呼噜呼噜"声。

4. 有种猫咪绰号叫"游泳猫"。

（答案见第 132 页）

猜猜猫咪的心情

和你一样，猫咪也有各种各样的情绪，它们会感到开心或悲伤，也会感动、害怕或愤怒。想要弄懂猫咪的心情可能有点儿难，让我们成为猫咪情绪侦探，去寻找能够反映猫咪情绪的蛛丝马迹！

肌肉紧张，出现飞机耳。如果一只猫咪有这种表现，并且它还在发抖，同时发出低吼或嗥叫声，那么一种原因是它感受到了威胁，威胁可能来自另一只猫咪或者一只过于热情的狗狗；另一种原因是它因为受伤或生病而疼痛难忍。无论出于哪种原因，在这种情况下，你都不要试图抚摸或抱起猫咪。如果你觉得它受伤了，首先要告诉父母。

发出"呼噜呼噜"声，蹭你的腿。这代表猫咪感到开心又放松，它在对你示好。它还有可能向你温柔地眨眼，并试图跳到你的大腿上。

舒服地翻身。这说明猫咪在你身边感到很安全，它希望得到你的关注。你可以一直抚摸它的头顶和耳朵，但是不要抚摸它的腹部。只有当你和猫咪建立了真正的信任关系时，你才可以抚摸它的腹部。一定要注意，有些

猫咪不喜欢人们抚摸它们的腹部！

走来走去，并睁大眼睛。这代表猫咪想要玩耍。它正在开动脑筋想办法来释放积攒的精力。和它一起玩游戏吧，比如将玩具老鼠扔出去让它叼回来，或挥舞逗猫棒吸引它的注意力。

玩具！我要**玩具！**

留意猫咪的耳朵和尾巴

如果猫咪喜欢你、对你充满信任，它的耳朵会放松地直立，尾巴会高高翘起。

如果猫咪感到好奇，它的耳朵会向前探，尾巴尖会轻轻抖动。

如果猫咪受了惊吓，它会出现飞机耳，尾巴上的毛会竖起来，这能让它显得更有威慑力。

如果猫咪生气了或感觉受到了威胁，它的耳朵会向后倾斜，尾巴会使劲甩动。

猫咪的身体

收缩自如的趾甲使猫咪可以紧紧抓住猎物或物体表面。猫咪每只前爪有 5 个趾甲，每只后爪有 4 个趾甲，一只猫咪共有 18 个趾甲。

猫咪的被毛长短不一，还有无数种颜色和斑纹。被毛起保暖和防水的作用。

灵活的脊柱有助于猫咪奔跑、冲刺、起跳和着陆。

尾巴是猫咪奔跑、攀爬和游泳时的方向舵，同时也是反映猫咪心情的"晴雨表"。

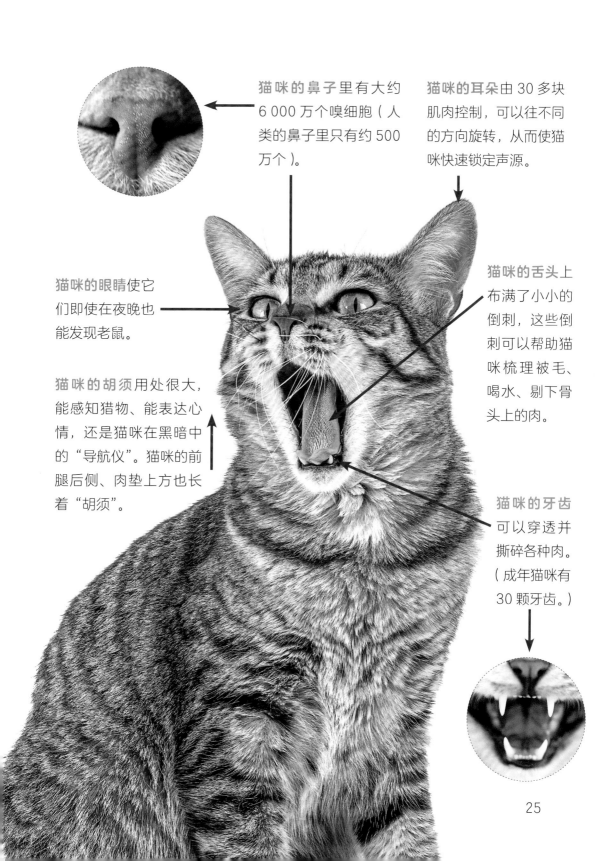

猫咪的鼻子里有大约6 000万个嗅细胞（人类的鼻子里只有约500万个）。

猫咪的耳朵由30多块肌肉控制，可以往不同的方向旋转，从而使猫咪快速锁定声源。

猫咪的眼睛使它们即使在夜晚也能发现老鼠。

猫咪的舌头上布满了小小的倒刺，这些倒刺可以帮助猫咪梳理被毛、喝水、剔下骨头上的肉。

猫咪的胡须用处很大，能感知猎物、能表达心情，还是猫咪在黑暗中的"导航仪"。猫咪的前腿后侧、肉垫上方也长着"胡须"。

猫咪的牙齿可以穿透并撕碎各种肉。（成年猫咪有30颗牙齿。）

25

受欢迎的猫咪品种

狗狗的品种数量大约是猫咪的 3 倍，这是因为狗狗已经被人类繁育了几个世纪之久，并且它们可以帮助人类做一些特定的工作。很多猫咪其实是因为外表特别而被人类专门繁育出来的，绝大多数的猫咪并不属于特定的品种，它们被统称为"田园猫"。如果你打算养一只特定品种的猫咪，或想多了解一些关于猫咪的知识，就继续读下去吧！

缅因猫

缅因猫性格温柔、体形大，体重可达 8 千克。尽管它们个头大，但能发出甜美的叫声。缅因猫总能与人类和其他猫咪，甚至狗狗和睦相处。

缅因猫有毛茸茸的爪子和蓬松的长尾巴，耳朵尖上通常有一簇毛（请仔细观察第 27 页的图）。

27

波斯猫

　　自从1871年在英国伦敦举办的猫展（这也是世界上首个国家级别的猫展）上亮相后，波斯猫一直是北美地区最受欢迎的猫咪品种之一。它们凭借扁扁的脸、水汪汪的圆眼睛和飘逸的长毛俘获了人们的心。

波斯猫非常甜美、机灵，它们不喜欢大声叫。

阿比西尼亚猫

阿比西尼亚猫又称"兔猫",因为它们的被毛像兔毛一样柔软。它们看起来像小型猛兽,长着杏仁状大眼睛,眼睛的颜色大多是美丽的绿色或金色。

阿比西尼亚猫聪明好动,需要陪伴和关注,你得定时陪它们玩耍,不然精力旺盛的它们会变成"捣蛋大王"!

阿比西尼亚猫喜欢人们的陪伴,但不喜欢坐在人们的腿上。

暹罗猫

暹罗猫身体瘦长，脑袋呈倒三角形，有着大大的蓝色眼睛。活泼外向、热爱探险的暹罗猫非常"健谈"，是"小话痨"，它们时常会发出"嘤嘤"声。

布偶猫

布偶猫是一个相对较新的猫咪品种，源于 20 世纪 60 年代的美国加利福尼亚州。布偶猫很黏人，正如其名字所描述的那样，它们身体柔软，性格温顺，被人抱起时就像毛绒玩偶一样。布偶猫体形很大（公猫的体重可达 9 千克），它们以温柔顺从著称，对孩子也颇有耐心。

斯芬克斯猫

无被毛的斯芬克斯猫看起来有点儿像外星人，它们有着大大的眼睛、大大的耳朵、皱巴巴的皮肤和细长的尾巴。它们喜欢在暖和的毯子下面玩耍或蜷起来打盹儿。

普通的田园猫

大多数猫咪都不是纯种猫，它们被统称为"田园猫"。在动物救助站或宠物医院，工作人员会根据猫咪被毛的长度，在它们的档案里写下"短毛田园猫"或"长毛田园猫"。田园猫有各种各样的颜色和斑纹，其中最受欢迎的是三花猫、玳瑁猫、燕尾服猫（也就是俗称的"奶牛猫"）和橘色虎斑猫，它们的被毛长短不一。接下来，我们就了解一下这几种猫。

三花猫

　　三花猫的被毛有白色、橘色和黑色3种颜色，白色为底色，上面有橘色和黑色的明显的斑块。

　　玳瑁猫的被毛有2种（黄色和黑色）或3种（白色、黄色和黑色）颜色，并且颜色混杂没有明显界线。玳瑁猫一般是母猫，它们活泼独立，喜欢平静的家庭生活，生活规律。

玳瑁猫

燕尾服猫的胸脯、爪子和脸颊大都是白色的，其他身体部位都是黑色的。有些燕尾服猫白色的被毛较多，有些黑色的被毛较多。事实上，很多猫咪都只有黑白两色的被毛，但燕尾服猫的独特之处在于，它们看起来仿佛穿着燕尾服，准备去参加一场盛大的派对，甚至有些燕尾服猫看起来还打了领结！许多喜欢燕尾服猫的人都表示，这种猫咪性格友善又随和。

燕尾服猫

橘色虎斑猫通常是公猫，从浅桃色到深橘色都有。斑纹包括条纹、旋涡纹或斑点，让它们看起来更漂亮。所有的虎斑猫额头上都有 M 形斑纹。许多人都断言，橘色虎斑猫既可爱又聪明，喜欢四处探险。但你要明白，任何事情都有例外。

凯西有话说

大家都说橘色虎斑猫天性友好快乐。这是真的，我就是一只橘色虎斑猫，我为自己感到骄傲！我喜欢学习新的技能和交更多的朋友。我能和遇到的每个人都成为朋友，我和家里的狗狗也相处得很好，它们非常尊重我——它们应该尊重我！

橘色虎斑猫

应该养什么年龄段的猫咪？

应该养一只未成年猫咪，还是养一只成年猫咪呢？如果你家里已经有了一只猫咪，那么你和家人可能曾经讨论过这个问题。不管是未成年猫咪还是成年猫咪，它们都既有优点又有缺点。在你和家人做决定之前，请认真阅读下面的内容并谨慎考虑，毕竟猫咪会陪伴你很多年。

我将猫咪的年龄分成了 3 个阶段，并向你介绍每个年龄段猫咪的特点。

1 岁以下的猫咪

1 岁以下的猫咪很惹人喜爱也很有趣，但你要记住，它们还是小宝宝，还没有学会如何做一只乖猫咪。它们充满活力和好奇心，在 1 岁前，猫咪可能相当让人头疼。它们长得很快，通常 1 岁以下的猫咪的体形就能达到成年猫咪的 95%。你在猫咪的成长发育和个性形成过程中扮演重要的角色，你会长时间陪伴并训练它们。但一般

小猫既可爱又调皮。

来说，性格是与生俱来的，比如一只害羞、安静的未成年猫咪将来很大概率会成为一只害羞、安静的成年猫咪。

1～12岁的猫咪

1岁的猫咪正式进入成年期，对于成年猫咪，我们比较容易摸透它们的个性和好恶。一般来说，处于青壮年阶段（1～12岁）的成年猫咪精力充沛，喜欢与人玩耍，并且能更好地遵守规矩。它们更容易适应忙碌的家庭生活，甚至懂得如何与狗狗相处。如果你想从动物救助站领养一只猫咪，不用担心，工作人员一定会帮你选择一个最适合你的"喵星"伙伴。

12岁以上的猫咪

有些猫咪可以活20多岁，因此如果你选择领养一只12岁以上的猫咪，它也可以陪伴你很长时间。许多这个年龄段的猫咪都能很好地适应新家，并且很高兴有机会能与全新的家人生活在一起。当然，一些猫咪可能有关节炎等健康问题，但它们仍然喜欢在客厅里玩追逐游戏，或者玩填充了猫薄荷的玩具老鼠。

不管你领养什么年龄段的猫咪，一定要请宠物医生给它做全身检查。猫咪在1岁前需要注射一系列疫苗，也应该进行绝育。成年猫咪也需要打疫苗，并进行全面的体检。

成年猫咪精力充沛，而且遵守规矩。

你的猫咪几岁了？

想要弄清楚一只猫咪的年龄可能有点儿困难。不同于狗狗，猫咪变老的时候口鼻处的毛色不会变浅，所以我们难以通过外表判断猫咪的年龄。宠物医生认为，1 岁左右的猫咪相当于 15 岁的青少年。

我们来大致了解一下猫咪与人类的年龄对应关系吧！

● 猫咪的年龄（岁）

● 人类的年龄（岁）

1	=	15	8 = 48	
2	=	24	9 = 52	
3	=	28	10 = 56	
4	=	32	11 = 60	
5	=	36	12 = 64	
6	=	40	13 = 68	
7	=	44	14 = 72	

2 个月

15 = 76   19 = 92

16 = 80   20 = 96

17 = 84   2 岁

18 = 88

7 个月

和未成年猫咪一起生活

欢迎来到"奇妙的第一年"。用"奇妙"来形容你和未成年猫咪共同度过的第一年再合适不过了。为什么？看着家里精力过剩的猫咪和它的恶作剧现场，你可能会失去理智。未成年猫咪精力充沛，喜欢四处探险，并且食欲旺盛。它需要多玩耍、多睡觉，但不会考虑你是不是方便！在它可以分辨白天和黑夜之前，你必须要有足够的耐心。

像所有的小朋友一样，未成年猫咪需要学习礼仪和家庭规则。不要指望它能够在你叫它的时候马上过来，也不要指望它能整晚和你一起安静地睡觉。但是没关系，1岁之前正是训练猫咪的好时机。你可以在这个时期让它习惯刷牙和修剪趾甲，并尽早让它养成梳毛的习惯，这样当它成年后，就（有可能）不会拒绝从趾甲到牙齿的护理了！

为了正常发育，未成年猫咪需要吃特殊的猫粮。一般来说，从出生到7个月，猫咪的体重会迅速增加；从7个月到1岁，猫咪的体重平稳增长。如果你的猫咪看起来很苗条，这也是正常的，但它不应该骨瘦如柴，或者有"啤酒肚"——如果出现这类情况，你就必须带它去宠物医院了。

早上5点了，该喂我了吧？

　　我承认，当我还没有成年的时候，我都快把雅顿逼疯了。我特别喜欢在房间里跑来跑去，在沙发和猫爬架上跳来跳去，在半夜她睡得正香时突然扑向她的脚。那时我精力旺盛，还没有学会遵守规矩。但雅顿对我非常有耐心，现在我是一只讲文明懂礼貌的成年猫咪。好吧，大多数时候我是一只讲文明懂礼貌的成年猫咪。

猫咪公寓

　　猫咪喜欢在能令它们感到舒适自在的地方蜷成一团。试着按照下面的步骤制作"猫咪公寓"，看看你的猫咪喜不喜欢它？

材料

1 个足够大的纸箱

1 件大号旧 T 恤衫（可以将纸箱套住）

剪刀

绳子

小枕头、毛巾等

步骤

1 将纸箱的顶盖折进去或剪掉，使纸箱有一面是敞开的。

2 将 T 恤衫套在纸箱上，领口要位于敞开的那一面。

3 把 T 恤衫的袖子折进去，将 T 恤衫的下摆打一个结（也可以用绳子将下摆系紧）。

4 在纸箱里放置小枕头、毛巾等，为你的猫咪布置一间舒适的"公寓"吧！

大多数猫咪都无法抵制空纸箱的诱惑！

猫咪城堡

猫咪喜欢在不同的高度玩耍，发挥你的想象力来建造一座豪华的"猫咪城堡"吧！多设置几个开口，让猫咪可以安心地躲藏起来和快乐地玩耍。

材料

几个不同尺寸的纸箱
剪刀（或美工刀）
胶水
碎布条、珠子、猫咪玩具
猫抓柱（可选）

步骤

1 先画好设计图。在纸箱上剪几个洞，洞最好大小不一，一些要足够大，使猫咪能自由出入；一些只要让猫咪能把爪子伸进去即可。

2 按照设计图将纸箱粘在一起，待胶水干了之后，用碎布条、珠子装饰"城堡"，并放置猫咪玩具。

3 安装一根猫抓柱（你可以参考第84页自己制作猫抓柱）。

给"城堡"加个阁楼吧！

2

为猫咪打造
快乐的家

养猫是一件大事，你要有极强的责任心。你的猫咪不是玩具，你不能在想跟它玩的时候强迫它陪你，也不能在不想照顾它的时候对它视而不见。猫咪依赖你，需要你照顾它，陪它玩耍，清理它制造的垃圾，给它准备可以舒舒服服睡觉的地方。你得把自己当作一只猫咪，只有这样做你才能意识到你的猫咪需要什么，确保它健康地生活，发出愉悦的"呼噜呼噜"声。你所做的一切都能让你的猫咪更快乐地生活。

养猫辩论赛：室内喂养还是户外放养？

你必须为你的猫咪做一个重要的决定：它必须生活在室内，还是可以随意出门？你要考虑很多因素再做决定。对成年猫咪来说，是室内喂养还是户外放养取决于猫咪本身的情况，以及它在被你领养之前的经历。无论你的决定是什么，目的都是给它提供安全健康的生活，满足它的需求。你可以参考第 48 页的内容，并与宠物医生讨论你家的情况，做出合理决定。

我认为最好让猫咪大部分时间待在家里，为它准备一些好玩的猫咪玩具；同时在确保猫咪安全或者有人陪伴的情况下，让它多多接触大自然。

你好，小可爱！

室内喂养的猫咪

优点

1. 通常更健康长寿。

2. 可以为你节约由猫咪打架、事故或疾病带来的医疗费。

3. 不容易误食有毒植物或舔舐有毒化学药剂（比如汽车防冻剂）。

4. 和你在一起的时间更长，你们的关系可能会更亲密。

缺点

1. 缺少娱乐活动，它们可能会因为无聊而调皮捣蛋。

2. 在发情期可能会经常嗥叫，或者总是寻找机会冲出家门。

3. 缺乏运动，如果你不控制它们的饭量，它们可能会过胖。

户外放养的猫咪

优点

1. 可以得到充分锻炼，其狩猎的欲望能够得到满足。

2. 可以尽情地爬树、享受阳光，而不受牵引绳限制。

缺点

1. 可能会出现意外，如被车撞、被狗追，甚至会被天敌吃掉。

2. 可能会迷路，无法找到回家的路。

3. 可能会咬死鸟类和其他小动物。

4. 暴露在有寄生虫和病菌的环境中，更容易生病。

问问宠物医生吧！

哪些植物对猫咪有害呢？

布琳（12岁）
美国得克萨斯州

我已经遇到了数百起宠物植物中毒的事件。在很多情况下，如果主人能早点儿意识到家里的某些植物对猫咪是有害的，他们就可以完全避免自己的猫咪中毒。在对猫咪有害的植物排行榜中排名第一的是百合，尤其是麝香百合。舔舐百合的花粉或者啃食百合的叶片对猫咪来说都是致命的。

其他常见的、对猫咪有害的室内植物有杜鹃花、菊花、英国常春藤、天竺葵、夹竹桃和郁金香。

如果你的猫咪出现呼吸困难、流口水或呕吐的症状，它很有可能中毒了。你一定要立刻带它去最近的宠物医院，并让你的父母提前给宠物医院打电话说明情况，让医生做好准备。因为猫咪中毒是比较紧急的情况。

迈克尔·罗沙索医生
美国得克萨斯州
弗里斯科宠物急救护理中心

室内喂养的必备条件

在室内喂养的猫咪需要有属于自己的空间，比如能让它感到安全的藏身地、能让它打盹儿的窝，以及能跑来跑去的活动场所。

选一扇视野不会被遮挡的窗户，在窗户上安装一张猫咪吊床，这样猫咪就可以看到外面的一切景物。如果窗外有喂鸟器或者鸟窝就更好了，猫咪就有自己的"电视节目"可以看啦！

准备一个猫爬架（所有猫爬架的柱子上都缠着麻绳），这样猫咪就可以在高处休息、爬上爬下、磨爪子、打盹儿、玩上面悬挂的玩具——猫爬架就是猫咪游乐场！

为猫咪提供一个藏身之处，让猫咪可以溜进去打盹儿，或者在想安静一下的时候躲在里面（特别是如果你还有一条精力旺盛的狗狗）。你可以买现成的猫窝，也可以用旧木箱或结实的纸箱做一个（见第 42 页）。

如果你家里恰好有通顶的柱子，你可以用麻绳将柱子缠起来，这样猫咪就可以在这棵室内"树"上磨爪子或练习攀爬啦！

你还可以在墙壁比较高的位置安装"猫通道"，这样猫咪就能在高处移动，所有猫咪都喜欢待在高处。用几块搁板就可以制作一条猫通道。搁板最好有 60 厘米宽，给猫咪留出足够的活动空间。看到猫咪在高处静悄悄地走来走去是非常有意思的事！

外面还有人吗？

凯西有话说

虽然我很"宅"，但如果有人忘记了关大门，我还是会因为好奇而离开家。雅顿非常担心我的安全，所以她带我去宠物医院为我植入了芯片。宠物医生在我的两肩之间植入了一个米粒大小的芯片，这个过程非常快且不会产生丝毫痛感。人们用专用的设备读取芯片信息，就能知道我的宠物医生和雅顿的联系方式——芯片就是我的"身份证"。雅顿还给我买了一个有安全扣的项圈，上面绣着我的名字和她的手机号码。项圈是亮橙色的，戴上项圈的我看起来非常帅气，这样每个人都知道我的名字了！

猫爬架就是猫咪游乐场！

让猫咪安全地待在户外

如果你的家里没有封闭式院子或门廊，你可以考虑在房子外面放一个大大的笼子让猫咪待在里面呼吸新鲜空气。当你和家人在户外玩耍或打理花园时，猫咪可以在笼子里活动。你可以直接购买一个大狗笼或者猫别墅——网上有很多设计精美的猫别墅。在把猫咪从室内抱出之前，你一定要给它系好牵引绳，防止它在外面突然跑走，并且永远不要让你的猫咪在无人看管的情况下待在户外！

搭建"猫咪露台"是一个很好的方法。 打造一个与房子相连的封闭空间，猫咪可以从窗户或专门的入口进入这个空间。它可以在这里晒太阳、看看外面的世界，并且你不用担心它会遇到天敌或其他危险。有条件的话，就试一试吧！

如果你家里有开放式阳台，确保猫咪不会在无人看管的情况下待在阳

台上。即使在有人看管的情况下，猫咪也应该系着牵引绳。你一定不希望它跳下阳台受伤吧？和父母商量一下，能否在阳台上安装安全网来保护猫咪。

你要训练你的猫咪，让它习惯系着牵引绳，这样你就可以带它到后院甚至街上散步，而不用担心它跑丢了。此外，你也可以训练猫咪坐在宠物推车里（见第 102 页）。

凯西有话说

虽然我和弟弟麦奇都很"宅"，但我们也喜欢和雅顿在户外玩。我们常常坐在窗边，一边看着雅顿和我们的狗狗朋友在室外沐浴阳光、嬉戏玩耍，一边抗议地"喵喵"叫。所以，雅顿给我们买了一顶猫帐篷，这顶帐篷是完全封闭的，有纱网和带拉链的门。我和麦奇喜欢在帐篷里活动，感受微风拂面，闻闻大自然的气味，安全地享受美好的户外时光。

猫咪，这边走！

并非所有的猫咪都适合系着牵引绳出门散步，如果你的猫咪好奇心很重并且很喜欢社交，那么你不妨试一试这种"遛猫"方式。未成年猫咪更容易适应这种方式，但如果你耐心训练猫咪，成年猫咪也会乐意系着牵引绳去散步。要使用胸背带式牵引绳，千万不要用项圈式牵引绳，你一定不想弄伤猫咪的脖子吧？

将牵引绳放在你的猫咪经常能看到的地方，比如它经常睡觉的地方或猫粮碗旁边，这样可以让它对牵引绳产生兴趣。当它主动去嗅或用爪子碰牵引绳的时候，你可以喂它零食来奖励它，每天奖励 1 ~ 2 次。你还可以在地板上拖拽牵引绳，猫咪会扑上去玩牵引绳，这样做也能让它喜欢上牵引绳。几天之后，它就会习惯这个"新朋友"了。

当猫咪心情平静、放松的时候，你可以把牵引绳轻轻搭在它身上，并用零食奖励它，让它适应牵引绳。你

可以先试着将牵引绳的背带松松地套在猫咪的身上，然后带着它慢慢走，注意，不要强迫它。如果猫咪反应很激烈，你就要把背带解开，然后回到上一步骤，继续把牵引绳轻轻搭在它身上，等待它重新适应牵引绳。你要学会调节背带的松紧，使其更贴合猫咪的身体，但背带不能太紧——理想的松紧程度是猫咪的身体和背带之间能塞进一根手指。

让猫咪只套着背带在房子里溜达（你可以给它零食作为奖励），然后将绳子扣在背带上，让猫咪拖着绳子到处走（它可能需要更多零食作为奖励）。几天后，让家人牵起绳子，同时你要用零食引诱猫咪行走，这有助于让它习惯有人牵着它走的感觉。

当你可以牵着猫咪在房子里散步时，试试和它去户外的相对封闭的区域散步吧！你可以带着猫咪去有栅栏的后院散步。第一次外出的时间建议为 1 ~ 2 分钟，等猫咪已经习惯了在户外活动后逐渐增加时间。一定要注意路过的狗狗或汽车，以及其他有可能吓到猫咪的东西。

要保持耐心。虽然猫咪可以系着牵引绳散步，但它们终归不像狗狗那样听话。大多数愿意系着牵引绳的猫咪更喜欢自己决定什么时候走、走多快、去哪里。让你的猫咪四处嗅一嗅，

如果它们只是想躺在草地上，那就随它们的意吧！

并非所有猫咪都喜欢系着牵引绳，但你如果有耐心训练你的猫咪，也许有一天就可以和它一起出门散步了。

养猫任务表

养一只猫咪会给你的家带来欢乐。每个家庭成员都想和它一起玩，但每个家庭成员也都应该承担照顾它的责任，因此分配养猫任务很重要。如果你已经有了一只猫咪，那么你应该站出来承担照顾猫咪的责任了！

如果有可能，每个家庭成员都应该承担一部分照顾猫咪的任务。你可以制作一张"养猫任务表"，并将它贴在冰箱上或厨房的墙上。每完成一项任务，就在相应的格子里打钩，这样你就不会忘记做什么事了，然后在心里表扬一下自己出色地完成了任务吧。你正在努力让猫咪的生活变得无比美妙。

凯西有话说

我不需要看表也能知道现在几点，尤其是到了饭点儿。每天早上 6 点和下午 5 点，我会看着雅顿，朝她温柔地"喵喵"叫（好吧，我有时会大声地叫），然后把她领到厨房。我会很有礼貌地站在冰箱旁边，我知道好吃的猫罐头就放在冰箱里面。嘿嘿，这些小伎俩每次都能奏效！

喂食：称量出分量合适的猫粮（干粮或湿粮）。你应该不想让猫咪因为吃得太多而变成一个球吧。

喂水：猫咪不像狗狗会喝那么多水，但它们也需要补充水分。记得每天给猫咪的水碗换新鲜水哟！

清理猫砂盆：翻到第 58 页，学习如何清理猫砂盆吧。

玩耍：每天至少陪你的猫咪玩 10 分钟。你可以教它一项新技能、抱着它、给它讲故事，或者用玩具老鼠跟它玩"猫追老鼠"的游戏。

任务	周一	周二	周三	周四	周五	周六	周日
🐟							
🥣							
💩							
🐭							
🪮							
🐾							

养猫任务表

梳毛：梳毛的频率要根据猫咪被毛的长短来决定。你可能需要每天、两三天或每周为它梳一次毛。不要等到猫咪的被毛打结了才为它梳毛。被毛打结会让猫咪感到不舒服，还会让以清理被毛技巧为荣的猫咪感到沮丧。

剪趾甲：每月检查一次猫咪趾甲的长度，看看它的趾甲是否需要修剪。你可以轻轻地按压猫咪的肉垫，这样趾甲就会露出来了。请翻到第114页学习如何给猫咪剪趾甲。

清理猫砂盆

我们都知道,清理猫砂盆不是什么有意思的事。猫咪很挑剔,它们不喜欢用又脏又臭的猫砂盆,但它们也不会冲马桶,所以我们要帮助它们清理猫砂盆。挥动猫砂铲,养成每天清理猫砂盆的习惯吧!

你可能需要多购买几种猫砂盆才能知道你的猫咪喜欢哪一种。有些猫咪喜欢全封闭式猫砂盆,有些猫咪则喜欢又宽又浅的开放式猫砂盆。猫咪是领地意识很强的动物,多给它们一些选择,这样才能防止它们把沙发后面或你的衣柜当作厕所。对了,把猫砂盆放在一个隐蔽的地方,给你的猫咪一点儿隐私吧。如果你家里的猫咪不止一只,那么除了为每只都准备一个猫砂盆,你还要额外准备一个。

在猫砂盆里装 5 ~ 8 厘米厚的猫

我不喜欢这个猫砂盆。

砂。同样，猫砂种类也有很多，猫咪对猫砂也有自己的喜好。但是，不要用气味很大或者粉尘很多的猫砂，猫咪通常很反感使用这种猫砂，如果你给猫咪用了这种猫砂，它可能就会去别的地方上厕所。

每天清理猫砂盆。 用猫砂铲将尿块和粪便铲进袋子里，将袋子密封后扔进垃圾桶。除非你购买的是可用水冲走的特殊猫砂，否则千万不要将尿块和粪便扔进马桶，不然你的父母可能不得不向管道工付一大笔钱。

定期更换猫砂。 定期把猫砂盆里的所有猫砂都倒进垃圾袋；然后用热肥皂水或洗洁精水冲洗猫砂盆。不要使用漂白剂或柑橘味清洁剂，猫咪讨厌它们的气味。等猫砂盆完全晾干后，倒入新的猫砂。

根据需要更换猫砂盆。 在使用一段时间后，猫砂盆内壁上会有很多划痕，这些划痕会藏匿细菌并散发异味。消灭划痕里的所有细菌是不可能的，所以最好定期更换猫砂盆。

一旦猫咪知道了猫砂盆的位置，它就会养成在那里上厕所的习惯。

好奇心害死猫

你可能听说过"好奇心害死猫"这个俗语。每到一个新的地方，猫咪会先探索一番，在确实安全后，它们会蜷起来打盹儿或者爬上爬下。猫咪需要你的保护，因为眨眼的工夫，它们就有可能被地毯钩住爪子而动弹不得、被线团噎住，或者从开着的门里偷偷溜出去。

养成随时注意你的猫咪在什么地方的习惯。在你离开房间关上门或关柜门之前，要确认猫咪没有在里面。

厨房

* 确保抽屉和橱柜总是关着的。
* 猫咪非常容易绊倒人，所以当厨房里有热锅或沸水时，要把猫咪及时赶出厨房。
* 把一些容易吞咽的东西（比如捆扎线和橡皮筋）收在抽屉里。
* 不要把食物放在外面。有些人类食物会让猫咪生病。

卧室和客厅

* 检查每一扇窗户的纱窗，确保它们很牢固。有些窗户的窗台很宽，猫咪喜欢睡在上面，这样你就更要注意纱窗是否牢固了。
* 收好玩具的小零件、拼图块、手工材料和垂下的绳子，排除潜在的、会造成猫咪窒息的因素。
* 把贵重易碎的物品放在柜子里，这样猫咪就不会打翻它们了。
* 在你坐进躺椅或摇椅之前，先确认一下猫咪没有在椅子下面呼呼大睡。

凯西有话说

我是美食家。我非常爱吃，什么都吃，甚至是那些有害健康的食物。我可以悄无声息地跳到厨房的操作台上叼走食物，但是每次雅顿把晚餐端上桌后，她都会把剩下的食物放进微波炉，让我碰不到。她还把脏的餐具放在水槽里，并用重重的案板盖住水槽，直到清洗的时候再拿开。真气人！我真想舔舔盘子，尝尝她的晚餐。她的晚餐闻起来好香啊！

卫生间和洗衣房

✳ 随时盖好马桶盖，这样猫咪就不能喝马桶里的水或者玩水了。

✳ 离开时要先确认猫咪不在房间里面，再关门。

✳ 把清洁用品放在猫咪够不着的地方。

✳ 用完洗衣机和烘干机后，一定要关好机器的门；在使用之前，也要检查一下里面有没有猫咪。

哪个冒失鬼忘了盖马桶盖？

别让节日变成"劫日"

在节日或家庭聚会的日子里，往往有很多人（甚至他们会带着自己的宠物）来你家做客。家里人数的增加和装饰的改变可能会激起猫咪的好奇心，也可能会使它感到压力倍增。

以下是一些小建议，它们可以帮你避免将美好的一天变成带猫咪去宠物医院急救的伤心日。

不合适的装饰品

谨慎选择节日装饰品。建议用电子蜡烛代替真正的蜡烛，以免火焰或热蜡液烫伤猫咪。把易碎的装饰品挂在猫咪够不着的地方。不要在屋内悬挂亮闪闪的金线——它们太显眼了，如果被猫咪咬到嘴里可能会引发窒息。

定期检查玩具

和你一样，猫咪也有自己喜欢的玩具。有些猫咪对玩具非常"无情"，尤其是对毛绒玩具。当玩具被玩得又脏又破时，你要及时换掉它们。如果猫咪咬破了毛绒玩具，那么你要扔掉这个玩具，并且清理漏出来的填充物，不然猫咪很有可能把填充物当作零食吃掉。

检查逗猫棒和其他所有有羽毛或绳子的玩具。及时扯掉逗猫棒上已经松散的部分，捡走掉在地板上的小零件。如果猫咪把玩具弄坏了，那就给它做一个新的吧！你可以参考第 103 ~ 105 页的内容。

塑料玩具也容易滋生细菌。记得及时清理和更换玩具。

不合适
的装扮

当家里有客人的时候，给猫咪找一个安全的活动空间。一些喜欢交际的猫咪可能想要加入你的聚会，但害羞的猫咪可能会躲起来。给你的猫咪找一个舒服的房间，准备好玩具、猫粮、水和猫砂盆。你可以在房间门上挂一块写有"内有酷猫，非请勿入"的牌子，以提醒客人不要打扰它。

把为聚会准备的食物放在猫咪够不着的地方。如果猫咪总是想跳上厨房的操作台偷吃东西，那么你最好把它关在卧室或者其他远离厨房的安全区域。你可以翻到第 68 页，看看哪些我们吃的东西对猫咪是有害的。

猫咪饮食大揭秘

让猫咪保持健康的秘诀就藏在它们的三餐里。猫咪是食肉动物，换句话说，它们需要摄入高质量的蛋白质来使肌肉和骨骼保持健康。你要先确保猫咪的食物以真正的肉为主要原料，而非肉制品。你可以阅读猫粮包装上的原料表，表上的第一种成分应该是鸡肉或牛肉，而非鸡肉粉等肉制品。

不要被猫粮奇怪的气味吓到。因为猫咪的味蕾并不多，所以它们主要靠嗅觉挑选食物。和你一样，猫咪也会挑食。在猫咪舔你的时候，你是不是感觉到它们的舌头非常粗糙？猫咪的舌头上有许多倒刺，倒刺能帮助它们感受食物的形状和口感。

下面的一些方法可以保证你的猫咪饮食健康。

在正餐之间提供加餐。让猫咪每天吃两三顿加餐可以让它更好地享受每一口食物，免得它一次吃得太多，在几分钟后又把食物都吐出来。

精准计量，不要靠猜测。宠物医生会根据猫咪的年龄、健康状况和运动量确定合适的每日进食量。按照宠物医生的建议给你的猫咪喂食吧！

投喂零食要适量。猫咪通过零食摄入的热量不应超过其每日摄入总热量的10%。你如果喜欢给猫咪投喂零食或者在训练时将零食作为奖励，那就稍微减少它的正餐量，这样猫咪就不会摄入太多热量了。

让喝水变得好玩。猫咪跟狗狗不同，猫咪不爱喝水，这使它们面临脱水的风险。为了增加猫咪的饮水量，你可以给它喂湿粮（猫罐头）；或者在干粮中加几汤匙不含盐的鸡肉汤或牛肉汤，这样还能让干粮更鲜美。你还可以给猫咪准备一台循环饮水机，这样水就是一直流动的。很多猫咪都喜欢用爪子拨弄流动的水，也喜欢喝流动的水。

保持猫粮碗和水碗清洁。在猫咪吃完一餐后清洗猫粮碗，以免沙门氏菌在碗中滋生，这种讨厌的细菌会引发猫咪肠胃不适。猫咪的水碗也要每天清洗干净之后重新加水。

猫咪喜欢流动的水。

养猫辩论赛：干粮还是湿粮？

对猫咪应该吃干粮还是湿粮这个问题，人们一直持有不同的看法。而猫咪对干粮和湿粮也各有偏爱：有些喜欢干粮，有些则喜欢湿粮。大多数动物营养学家都认为，只要猫咪食物中的主要成分是蛋白质而非碳水化合物，我们就完全可以让猫咪自己决定吃什么。此外，市面上还有很多添加了特殊成分的猫粮。向宠物医生咨询哪种猫粮最适合你的猫咪吧！

干粮

优点

1. 价格相对便宜。

2. 拆封后无须冷藏，不会变干，也不易变质。

缺点

1. 可能含有对猫咪健康不利的成分，营养价值相对较低。

2. 没有太多水分，猫咪需要补充水分。

3. 容易导致猫咪体重增加。

湿粮

优点

1. 含有更多水分，你无须担心猫咪身体缺水。

2. 气味更大、味道更好，更容易吸引年长或挑剔的猫咪。

3. 方便给猫咪喂药（你可以把药混在湿粮里）。

缺点

1. 价格相对较贵。

2. 保质期短，已经开封的猫罐头必须冷藏，没有及时吃完的猫罐头可能得扔掉。

3. 气味大，并且盛放湿粮的碗清理起来更麻烦。

问问宠物医生吧！

为什么一些猫咪会气喘吁吁？

莎蒂（7岁）

美国伊利诺伊州

你见过大汗淋漓的猫咪吗？我敢打赌，你绝对没有见过！这是因为猫咪不像人类那样会浑身出汗。虽然它们的肉垫可能会出一点儿汗，但这不足以让它们凉快下来。感到热的时候，猫咪会通过张口喘气来降温：它们会先吸入较凉的空气，再呼出体内较热的气体，实现冷热气体的循环，它们的身体仿佛一台空调。

丽莎·利普曼医生

美国纽约州

67

人类的食物：好还是不好？

有些猫咪对人类的食物很好奇。你可能以为，猫咪只会对火鸡三明治或火腿垂涎三尺，但有些猫咪喜欢的食物着实令人惊讶。尽管猫咪没有能尝出甜味的味蕾，但有些猫咪却非常喜欢吃水果或冰激凌。偶尔给猫咪尝一点儿你正在吃的食物是可以的，但是只能给它吃一点儿。而且，要确保你的食物对猫咪来说是安全的——一些对你有益的食物对猫咪来说并不健康。我在下面的清单中列出了一些对猫咪来说安全和有害的人类食物。

凯西有话说

我们猫咪有长长的胡须，用胡须来导航。当我们用深口碗吃东西时，胡须会蹭到碗沿。相信我，这可不是什么愉快的体验。雅顿会用一个浅口不锈钢碗给我盛饭。我很喜欢这个碗，它耐用、容易清洗，更重要的是，我可以尽情享受每一口食物，不用担心我的胡须蹭到碗沿。

可以给猫咪尝尝

* 煮过的鸡肉、牛肉（不含肥肉和软骨）、鱼
* 酸奶、酸奶油、小块奶酪
* 炒鸡蛋
* 苹果、甜瓜、香蕉
* 熟的芦笋

一定不能给猫咪吃

* 生鸡蛋
* 肉制品（如火腿）、脂肪含量高的肉
* 寿司
* 葡萄、牛油果、洋葱
* 夏威夷果、葡萄干
* 巧克力
* 咖啡豆

种猫草

猫咪喜欢吃猫草来帮助消化。种一些猫草，给猫咪打造一个室内小"花园"。你可以隔几周更换一批猫草，保证猫咪一直有猫草可以吃。

材料

浅口盘（或花盆）
营养土
猫草种子（在花卉市场就可以买到）

步骤

1 把猫草种子在清水里浸泡10小时左右。

2 将营养土倒在浅口盘中，放上猫草种子，再盖上薄薄的一层营养土。

3 每天浇一点儿水，保持营养土湿润即可。一周左右猫草就长好啦！

关于牛奶和金枪鱼的"惊天内幕"

你可能会惊讶，大多数猫咪体内都缺乏一种可以帮助消化牛奶中乳糖的酶。喝牛奶可能会引发猫咪胃痉挛或腹泻。植物奶对猫咪来说也不健康；大多数植物奶中都含有对猫咪牙齿有害的糖。更好的选择是给猫咪吃少量酸奶。猫咪更容易消化酸奶，并且酸奶中含有益消化的益生菌。

所以，你吃早餐时，不要再因为猫咪乞求的目光而心软了。为了它的健康着想，不要让它喝你碗中剩下的牛奶！

一般来说，猫咪食用适量金枪鱼是安全的。在猫粮中加一小勺金枪鱼肉不会对猫咪的健康造成危害。但并非所有的金枪鱼对猫咪都是安全的。要确保给它们吃的是完全不加调味品的金枪鱼。更健康的选择是喂食水浸金枪鱼，而非油浸金枪鱼，油浸金枪鱼太油腻了。

最受猫咪欢迎的鱼类制品是木鱼花，你可以在宠物商店或网上买到。猫咪喜欢木鱼花的气味，并且木鱼花有嚼劲，一点点木鱼花猫咪就可以吃很久，这样猫咪也不容易长胖。

绝对不要喂猫咪牛奶！

喂一点儿金枪鱼是可以的。

危险的异食癖

有些猫咪会故意撕咬甚至吞下一些异物，这种奇怪的饮食习惯被称为"异食癖"。异物可能会堵塞食道，并危及猫咪的生命，在这种情况下，猫咪就必须接受手术来清除异物。为什么有些猫咪会啃咬毛衣、舔塑料袋、咬鞋带和橡皮筋呢？猫咪出现异食癖可能有以下原因。

出于好奇。未成年猫咪出现异食癖也许是为了探索。一开始，它们只是观察和撕咬不能吃的东西。咬着咬着，它们可能会把异物吞下。

缺乏营养。你可以询问宠物医生是否有必要将家里的普通猫粮换成高纤猫粮。

基因遗传。一些来自东方的纯种猫（比如暹罗猫和缅甸猫）尤其喜欢吮吸和咀嚼羊毛。

被气味引诱。有些猫咪喜欢舔塑料袋，其原因或许令人惊讶：猫咪嗅觉灵敏，它们可以闻出用来制作塑料袋的动物原材料的气味。

如果你怀疑你的猫咪吃了不该吃的东西，请马上告诉父母，并带它去宠物医院检查。你要帮助它改掉这种危险的习惯，比如你可以把绳子、纱线等对猫咪有吸引力的东西放在它够不到的地方；确保家里的植物对猫咪安全无害（见第49页），种植一些安全的植物，比如猫草（见第69页）或猫薄荷（见第72页）。

哎哟，我的尾巴不是食物！

为猫薄荷疯狂

每两只猫咪中就有一只猫咪痴迷于猫薄荷，这种芳香的药草中含有被称为"荆芥内酯"的活性成分。当猫咪闻到猫薄荷的气味时，它们会打滚、跳跃、跑来跑去、"喵喵"叫，或者在所有东西上蹭下巴。

别担心，猫薄荷对猫咪无害，它的效果会持续 3 ～ 5 分钟，不过有机猫薄荷通常效果更强。猫薄荷是薄荷大家族的一员，这种植物很容易种植。下面我们来了解一些关于猫薄荷的信息。

* 猫薄荷是多年生植物，它很容易存活并大量生长。你可以把它种在一个大花盆里，或者任何你不介意它疯狂蔓延的地方。
* 猫薄荷最喜欢肥沃的土壤和充足的阳光。
* 猫薄荷在仲夏到夏末开花，其花、叶、茎对猫咪来说都是安全的。你可以采摘一些新鲜的猫薄荷，将其晾干或烘干，干燥的猫薄荷易于保存（可以保存 6 个月），且对猫咪也有效果。

悬挂晾干：剪下几株猫薄荷，保留叶和花；用线将它们捆起来并悬挂在阴凉处，使花朵朝下；当叶片可以用手指轻易碾碎的时候，将猫薄荷压碎并装进塑料袋或玻璃罐里密封，在阴凉干燥处保存。

烤箱烘干：将新鲜采摘的猫薄荷平铺在烤盘上，用最低温度烘烤几小时，直至叶片变得干燥易碎；将猫薄荷压碎并装进塑料袋或玻璃罐里密封，在阴凉干燥处保存。

猫薄荷玩具

材料

卷纸纸筒
一只袜子
适量干燥的猫薄荷

步骤

1 将纸筒塞进袜子，倒入干燥的猫
薄荷。

2 把袜筒牢牢地打个结。

DIY
纸圈

材料

卷纸纸筒
剪刀

步骤

1 把卷纸纸筒剪成段，宽为
2.5 ~ 5 厘米。

2 将每段的上下边缘剪成流苏状，
并将流苏向外弯折。

3 按照你的想法装饰纸圈。

纸球

材料

卷纸纸筒
剪刀
猫零食

步骤

1 把卷纸纸筒剪成四个相同的环。

2 先将第一个环嵌入第二个环，再将前两个环嵌套在第三个环里，最后将三个环嵌入第四个环，一个空心的球就做好了。

3 在球里面放一些零食，然后将它滚向你的猫咪吧。

DIY
零食玩具

当猫咪滚动零食玩具或把它扔到空中时，零食就会从小洞里掉出来。

材料

卷纸纸筒

剪刀

猫零食

步骤

1 在卷纸纸筒上剪 2 ~ 3 个洞，洞只比零食大一点儿。

2 将纸筒的一端向内翻折并封好，向纸筒里放一些零食，将纸筒的另一端也向内翻折并封好。

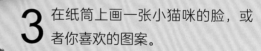

3 在纸筒上画一张小猫咪的脸，或者你喜欢的图案。

问问宠物医生吧！

我喜欢给我的小猫咪南瓜喂食物。它每天能吃多少食物呢？我不想让它肚子疼和长得太胖。

凯莉（10岁）
美国印第安纳州

能被你这么棒的孩子喜欢，南瓜真是太幸运啦！能想到吃太多食物会让它肚子疼和长得太胖，你真是个聪明的孩子。如果你喜欢给南瓜喂食物，你没有必要喂它零食，你可以试试这个方法：称量出它一天要吃的猫粮，把一半猫粮放在猫粮碗里，将剩下的一半猫粮时不时喂给它。这样做的话，你就可以每天给南瓜喂很多次食物，它也不会因此出现健康问题。你还可以把食物放在零食玩具里，这样南瓜就必须发挥自己强大的狩猎本领来得到它们。

莉丝·贝尔斯医生
美国特拉华州红狮宠物医院

乖点儿，小猫咪！

猫咪的有些行为可能会让你很生气，但也许对它们来说，这些行为非常正常。如果你的猫咪正在做一些你（或者你的父母）认为不对的事情，你可以对它进行训练。猫咪很聪明，它们能够理解并遵守规矩。

下面我将介绍 4 种常见的猫咪让主人生气的行为，及其应对策略。

也许你试 100 次我就听话了。

猫咪闹钟

在闹钟响起半小时前，猫咪开始用爪子碰你的脸，在你耳边发出很大的"呼噜呼噜"声，踩你的肚子，拍打百叶窗，或者把床头柜上的东西扒拉到地上。

猫咪为什么这样做？ 猫咪知道你醒来后就会给它喂食，它想早点儿吃早餐。

应对策略： 如果你有一醒来就喂猫咪的习惯，别再这么做了！喂食之前，你可以先做一些自己的事，比如穿好衣服，准备上学要带的东西。

凯西有话说

我不想背叛我的猫咪朋友，但我可以给你一条如何应对猫咪打扰你的重要建议：无视猫咪的动作。当猫咪想叫醒你时，如果你抚摸它或者起床喂它，这就代表你鼓励它在早晨打扰你。别睁开眼睛，假装自己还在睡觉！一开始它会变本加厉地想要叫醒你，但只要你坚持这样做，最终你的猫咪就会明白，它不会立刻得到你的回应，它需要学会耐心等待。

调整猫咪的晚餐时间，这样你可以多睡会儿。如果你晚上晚些喂它，它在早晨就不会那么饿了。为了让猫咪的晚餐时间逐渐接近你的就寝时间，你可以这样做：先将猫咪的晚餐时间推迟 10 ~ 15 分钟，让它适应几天；将晚餐时间再推迟 10 ~ 15 分钟，让它适应几天……慢慢地，猫咪就会适应新的晚餐时间。

厨房"巡逻舰"

猫咪就像个魔法师。上一秒它还在温柔地蹭着你的腿，下一秒它就出现在厨房的操作台上，或者站在冰箱顶上。

猫咪为什么这样做？ 猫咪喜欢在高处观察世界。厨房里充满了各种各样吸引它的气味，尤其是食物的气味，所以猫咪认为厨房的操作台上可能有好吃的东西。当你看到猫咪跳上操作台时，你要赶走它。但很多猫咪都知道，自己可以趁没人注意的时候来这儿逛一逛。

应对策略：以下方法可以让猫咪不再那么喜欢去厨房。

* 往浅口烤盘里倒点儿水，并将其放在厨房操作台上。当猫咪跳上台面时，它会碰到烤盘并被溅起的水花吓一跳。
* 购买一个能自动感应移动物体的喷气罐，将它放在厨房门口，它感应到猫咪时，会释放压缩空气。猫咪很讨厌喷气的声音和喷出的气流。你也可以考虑购买一张低压电毯，将它放在操作台上，弱电流会轻微刺痛猫咪的肉垫。
* 如果想让猫咪远离冰箱，可以在冰箱的表面贴一层双面胶。黏黏的胶会刺激猫咪的肉垫。

不过，在采取这些应对策略的同时，你需要重新给猫咪找到一个可以进行观察和娱乐的场所。

你可以在房间角落放一个高大、结实的猫爬架，或者在窗台上安装一个宽宽的架子，猫咪就可以在这些地方观察世界了；你也可以在书架或橱柜顶上为猫咪找一个安全的观察点。

脚踝"杀手"

当你穿过走廊去房间的时候，猫咪会突然跳出来，紧紧抱住你的脚踝，然后快速跑开。

他来了！
3、2、1，
冲！

猫咪为什么这样做？本质上，猫咪在玩捕猎游戏。未成年猫咪常有这样的行为，因为它们刚刚学会如何捕猎，会对移动的人或物体做出反应。在它们看来这只是游戏，但是，猫咪尖利的牙齿和爪子对你来说可一点儿也不好玩！

应对方法：你可以通过消耗猫咪的精力来减少这种行为的出现次数，比如拖着一段绳子让它追着跑，或者制作一些玩具（见第 73 ~ 76 页和第103 ~ 105 页）让它玩。和猫咪玩游戏也能消耗它的精力，它就不会"攻击"你的脚踝了。

你也可以随身携带小玩具（小纸团或铝箔球），转移猫咪的注意力。在猫咪向你的脚踝扑过来之前，把玩具扔出去，让它去追逐玩具吧！

沙发破坏大王

你的猫咪一定无法拒绝沙发侧面和扶手的诱惑，它会兴奋地抓挠沙发，

但这通常让你的家人（至少让你的父母）感到烦恼。

猫咪为什么这样做？ 所有猫咪都具有领地意识，它们会用肉垫中的气味腺在沙发上留下气味，以宣示主权。此外，猫咪也需要磨爪子的地方。磨爪子的行为是猫咪与生俱来的，这种行为是不可能通过训练而改变的。

应对策略： 为你的猫咪提供足够多的可以磨爪子的地方。在它喜欢抓挠的家具附近放置猫抓柱、猫抓板或者猫爬架。市面上有各种各样的猫抓柱或猫抓板，你可以多购买几种，看看哪种会吸引你的猫咪；你也可以自己制作猫抓柱（见第 84 ～ 85 页）；你还可以在猫爬架上撒一些猫薄荷，以吸引猫咪爬上去玩耍，当它在猫爬架上磨爪子时，记得用零食来奖励它哟！

在猫咪习惯新的磨爪子地点之前，你可以临时在沙发两侧贴上双面胶，或者喷洒猫咪不喜欢的香茅喷剂或其他会散发刺激性气味的喷剂，这样沙发就不那么吸引猫咪了。（确保喷剂不会损坏沙发表面或使其变色。）

"喵星人"
知识小测试 2

1. 猫咪的胡须有什么作用呢?

  A. 测量洞口大小

  B. 侦测猎物,如黑暗中的老鼠

  C. 表达情绪（如心满意足、害怕等）

  D. 以上选项都对

  E. 以上选项都不对

2. 猫咪受到古埃及人的崇拜。如果猫咪去世了,古埃及人会做什么来表达哀伤呢?

  A. 种植猫薄荷

  B. 一周里只吃沙丁鱼

  C. 剃掉自己的眉毛

  D. 戴上哭脸面具

3. 当猫咪来回甩尾巴的时候,它想表达什么?

  A. 我很开心

  B. 我很无聊

  C. 我很生气

  D. 我很好奇

（答案见第 132 页）

DIY
猫抓柱

制作猫抓柱的方法非常多，下面介绍的是比较简单的两种方法。重要的是，确保你做的猫抓柱不容易倒。你可以在猫抓柱表面撒一点儿猫薄荷，这样猫咪会更喜欢用它来磨爪子。

晃来晃去的玩具可以让猫咪兴趣大增

材料

粗水管（五金店有售）
一小块地毯
强力胶

步骤

1 将地毯的长边和水管的底端对齐，用地毯把水管包裹起来，可以多裹几层。

2 用强力胶将地毯固定在水管上（多用点儿强力胶，确保粘牢）。

3 将高出管顶的地毯折到水管内部并固定好。

又大又结实的纸箱

一小块地毯

强力胶

步骤

1 将纸箱的顶盖和底盖折起来，用强力胶将顶盖和底盖粘在纸箱的侧面。将纸箱剪开，并将其折成三角形，然后用强力胶固定。

2 用强力胶将地毯粘在纸箱上，如果地毯有多余的部分，就把多余的部分折到纸箱内部并固定好。

在纸箱内部铺一块毛毯，并放几个玩具，为猫咪打造温暖舒适的"秘密基地"吧

3

小猫咪的
学习时间

　　猫咪和你其实有很多共同之处，比如你们都喜欢学习和发现新事物。你在学校学习，而猫咪在家学习，你就是它的老师！

　　猫咪是善于观察的学习者。它们会留意一切看到的事物、听到的声音和闻到的气味。这就能解释为什么它们一听到罐头打开的声音就会立刻冲进厨房，而手机铃声响起时它们却一动不动，继续窝在沙发上。

为什么要训练猫咪？我认为有3个原因。

1. 让猫咪的身体和大脑都动起来。

2. 可以和猫咪建立信任关系，增进你们的友谊。

3. 提升猫咪的自信心（或者给自信的猫咪一个展示自己的机会）。

做好训练准备

猫咪和狗狗都很聪明，但它们是截然不同的两种动物。猫咪不太会主动逗你开心，它们更关心怎样才能吃到好吃的食物。为了让你对猫咪的训练取得成功，来试试猫咪训练三原则吧，那就是明确、简洁、一致。虽然猫咪不会说话，但它们很擅长解读你的姿势和语气，能猜出你想要告诉它们什么。

明确。只有当猫咪按照你的口令做时，你才能给它奖励。如果你对猫咪说"坐！"，却在它看向你的时候奖励它，它就会认为"坐！"这个口令

的意思是"看着我！"。如果有必要，你可以在训练时将一个口令分解成若干个动作，以便猫咪明白你的要求。

简洁。不要一遍又一遍地重复口令。给猫咪一些时间去思考，让它弄清楚你的要求。

一致。要想让猫咪理解一个口令，就需要对它进行大量的重复训练。每次你都要用同样的口令（和手势）训练猫咪。口令最好只有一两个字，"坐！"就比"坐下来！"更容易被猫咪理解。

好的，小主人，请给我奖励。

坐！

下面是一些训练猫咪的建议。

选择正确的时间。不要指望把猫咪从美梦中吵醒后，它能高兴地参加训练。你可以在猫咪清醒且想玩耍的时候，试着吸引它的注意力。在猫咪吃饭之前训练它，它可能会更专注。

不要急于求成。每次训练的时间不要太长，每次持续 5 ~ 10 分钟，每天训练 1 ~ 2 次。

一定要有奖励。给猫咪准备一些它特别喜欢的食物来吸引它学习，比如切成小块的水煮鸡肉或火鸡肉。

训练地点很关键。找一个安静、没有干扰的地方训练，这样你和猫咪都能集中注意力。

使训练成为乐趣。鼓励猫咪，给它真诚的赞美。如果你开始感到沮丧、不耐烦，或者猫咪开始感到无聊、困惑，那么停止训练。例如，猫咪突然离开房间或开始舔毛，这就是在提醒你：应该停止训练了。

见好就收。如果猫咪连续 3 次都顺利执行了同一个口令，那么是时候结束训练并且奖励它了。

凯西有话说

我们猫咪至少懂 2 种语言。我们会说猫语，并且我们还必须听懂一点儿主人的语言。至于我，我懂 3 种语言！我会说猫语，我还懂英语和手语。在宠物急救培训和宠物行为讲座中，雅顿会用语言告诉我坐下、到她身边、握爪，有时候她只要做手势我就明白要做什么。我喜欢学生的掌声……当然，还有零食！

问问宠物医生吧！

猫咪从高处跳下来时总是四脚着地吗？

卡琳（10岁）
美国艾奥瓦州

和体操运动员一样，猫咪有很强的方向感和身体控制力。猫科动物有灵活的脊椎、发达的肌肉和良好的平衡能力，这使它们大部分时间都能四脚朝下安全着陆。

由于猫咪的锁骨已经退化，所以它们的脊柱比人类或狗狗的更灵活，它们的身体能够轻松旋转。当一只猫咪感到自己正在坠落时，它的大脑会向肌肉发送指令，肌肉通过收缩和拉伸来调整身体姿态，使脊椎与地面平行。这样，猫咪会自然而然地四脚着地。

尽管猫咪非常敏捷，但如果它们从窗户、阳台或屋顶摔下来，受伤也是在所难免的。因此，一定要采取措施确保好奇猫咪的"猫身"安全哟！

尼古拉斯·多德曼博士
美国马萨诸塞州
塔夫茨大学卡明斯兽医学院

开始上课

在接下来的内容中,你会看到难度循序渐进的训练指导,包括训练猫咪来到你身边、握爪、原地转圈和钻圈等。训练你的猫咪,并用"猫戏"表演让你的家人和朋友大吃一惊吧!

"来！"

为了保证猫咪的安全，你得教会它一听到你的呼唤就过来找你。好奇的猫咪可能会在房子里找到新的藏身之处，比如冰箱后或壁橱里；或者悄悄溜出家门。如果猫咪能回应你的呼唤，你找到它的机会就更大。此外，你如果还想教猫咪其他技能，你必须能够把它叫过来。

1 最好在吃饭前进行这项训练。猫咪能立刻识别出开罐头的声音，所以你在打开猫罐头时，记得呼唤它，比如"来，米奇，米奇，米奇"。（你也可以一边摇晃猫粮袋子一边呼唤它。）另一种训练方式是用特定的声音来呼唤猫咪，比如用口哨声或勺子敲击罐头的声音，只要声音能让猫咪联想到食物即可。

2 当猫咪跑过来的时候，先给它一块零食，然后放下装着猫粮的碗。每次吃饭前都要训练，直到猫咪明白你呼唤它或吹口哨意味着有美味正等着它。

3 在正餐之间呼唤猫咪。记得给猫咪奖励，无论它是跑过来还是慢悠悠溜达过来。你不能指望每次呼唤猫咪，它都飞奔而来。但是，如果你让它觉得这么做很值得，它也会做出令你惊讶的反应！

"坐！"

教猫咪坐下是教它学会更有难度的技能的基础。猫咪掌握了这项技能后，你还可以试着把食物举过它的头顶，同时说"抬爪子"，让它去够食物。

1 用零食将猫咪吸引过来。让猫咪看着零食，慢慢地把零食举过它的头顶，同时说"坐！"。

2 猫咪配合的话，当它抬头用鼻子去嗅零食的时候，它就会屁股着地坐下。这时你要马上夸奖它，并给它零食作为奖励。

3 为了吃到零食，猫咪可能会用前爪拍你的手，甚至坐在后腿上直起身子。这时你要耐心一点儿，等它放下前爪再奖励它。

4 重复训练，直到猫咪将你的口令、你把手举过它头顶的动作与自己坐下联系起来。

"握手！"

猫咪经常会用爪子抓挠它们感兴趣的东西，它们通过这种方式来探索这个世界。教猫咪握手是一件很有意思的事。

1 让猫咪的视线与你的视线齐平，你可以坐在地板上，或者让它坐在桌子上，对猫咪说："坐！"

凯西有话说

就像人类一样，我们猫咪也有"左撇子""右撇子"之分。尽管我们能够灵活地使用所有的爪子，但是我们在够食物、迈进猫砂盆或者打招呼时，都会优先抬起特定的前爪。至于我，我更多使用左前爪，我是"左撇子"！

2 拿起零食，将其举在猫咪面前 10 厘米左右的地方，并说："握手！"当猫咪抬起前爪去够零食时，夸奖它，并给它零食作为奖励。重复训练，直到你的手一出现在它眼前，它就会抬起前爪。

3 用拿零食的手轻轻地碰猫咪抬起的前爪，这样你就完成了一次握手训练。摸到猫咪的前爪时，就把零食递给它作为奖励。

"转圈！"

如果猫咪喜欢跟着你，并且渴望学习新技能，你就可以训练它转圈。你需要一根训练棍，训练棍可以是一根细木棍，也可以是木勺柄。在训练棍的一端涂一点儿猫咪喜欢的食物，比如黄油或软奶酪。

1 让猫咪正对着你坐下。把训练棍涂有黄油的那端放在猫咪的鼻子前，并让它舔掉黄油。重复动作（每次都要重新涂抹黄油），这样猫咪就会关注训练棍了。

2 使涂有黄油的那端位于猫咪的前方，慢慢将训练棍移开。一旦猫咪追着训练棍往前走了几步，就停下来，让它舔掉黄油，并好好表扬它。

3 试着让猫咪追着训练棍多走几步，直到它能跟着训练棍围绕着你转一整圈。

4 用口令来配合动作。用训练棍画一个圈，同时说："转圈！"只要猫咪成功地转了一圈，你就要给它零食作为奖励并夸奖它。在猫咪学会连续转圈后，你可以用拿着零食的手代替训练棍继续训练它。

"钻圈！"

如果你有一只性格外向的"表演型"猫咪，你可以举着呼啦圈让猫咪从中间跳过去，这肯定会赢得你的家人和朋友的大声喝彩。在尝试教猫咪这个难度更大的技能之前，要先确保猫咪能够跟随训练棍（或你拿着零食的手）。你需要一个呼啦圈。

1 和猫咪面对面坐好，把呼啦圈平放在你们之间的地板上，准备一根训练棍，并在一端涂上黄油（见第 98 页）。

2 引导猫咪跟着训练棍穿过呼啦圈。一开始先把呼啦圈立在地上，在猫咪钻呼啦圈的同时，说："钻圈！"然后夸奖它，并让它舔掉训练棍上的黄油。这样它就会把"钻圈！"这个口令和它要做的动作联系起来。

3 一旦猫咪能顺利地钻过立在地上的呼啦圈，你就可以把呼啦圈抬高一点儿，抬高 2.5 ～ 5 厘米即可。重复训练，并慢慢增加呼啦圈的高度。你可能需要多训练几次来增强猫咪的信心。

凯西出门很有范儿

我经常会带凯西去参加宠物研讨会或在教室给学员讲授关于猫咪的知识，所以如果凯西能学会坐宠物推车，这对我和凯西都是好事。

首先，我把推车停在客厅中间以引起凯西的好奇，让它去探索一番。然后，我向推车里扔了一些零食，凯西便迫不及待地跳进去并把零食一扫而光。第二天，我把凯西的早餐放在了推车里，让凯西坐在里面享用早餐。

在凯西表现出对那辆宠物推车的喜爱之后，我就开始慢慢地推着车在屋里转圈，偶尔我会停下来给凯西一点儿零食。在这个过程中，一定要有耐心，要给猫咪足够的时间适应宠物推车。

现在，我和凯西都喜欢这辆宠物推车。比起蜷缩在宠物背包里受颠簸，凯西更乐意坐在安全平稳的宠物推车里。对我来说，推着宠物推车比背着沉重的宠物背包轻松得多。这是双赢的事！

我还有一些小建议：为安全起见，给猫咪套上牵引绳的背带，并且把背带与推车内置的安全带固定在一起。外出时，最好把推车上的网罩放下来，这样猫咪既能观察周围的环境，又不会跳出来。

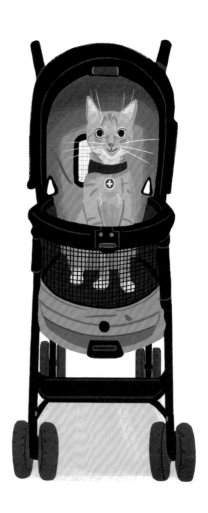

DIY
逗猫棒

猫咪会被移动的物体所吸引。下面我将教你如何制作一些能吸引它们的简易玩具。

材料

60～90 厘米长的结实的细棍
毛线（或细绳）
小玩具（毛球或小纸团）

步骤

1 把毛线的一端系在细棍上，然后把小玩具系在毛线的另一端。可以用长度不同的毛线。

2 把小玩具放在地板上拖着走，或者把它轻轻甩向空中，让猫咪追逐它或跟着跳起来。

绒布环

材料

各种颜色的绒布（毛毡或其他比较厚的织物）

剪刀

步骤

1 剪下一条约 15 厘米长、2.5 厘米宽的绒布条。把绒布条两端系在一起，做成一个圆环。

2 剪 12 ~ 15 条约 7.5 厘米长、1.5 厘米宽的绒布条。把这些绒布条系在圆环上，绒布环就做好了。

3 朝着猫咪摇一摇绒布环；或将绒布环扔向猫咪；也可以把绒布环系在绳子的一端，拖着跑。

DIY
门把手玩具

步骤

1 把玩具牢牢地系在布条的一端。

2 将布条的另一端系在门把手上，使玩具刚好悬在几乎与猫咪的视线齐平的地方。

3 你也可以先在地板上拖动玩具，然后让猫咪看着你把玩具拴在门把手上。

材料

玩具（或纸团）

长 30 ~ 38 厘米、宽 2.5 厘米的布条

105

猫咪健康
守护者

在猫咪的生命里，你扮演着许多关键角色。你是它温暖的港湾、忠实的玩伴、负责的监护人，以及最重要的"铲屎官"。这些角色帮助你在日常生活中发掘猫咪的闪光点，并使你能及时了解猫咪的状态。此外，你还需要扮演一个重要的角色——猫咪健康守护者，你得时刻发现有关猫咪健康状况的蛛丝马迹，并及时告诉父母。

除了介绍一些急救知识和常用的健康护理技巧外，本章还特别强调了玩耍的好处。为了保持身心愉悦，猫咪得经常锻炼它们的大脑和身体。

祝愿你和你的猫咪共同度过一段美好的时光！

娱乐和游戏

无聊的猫咪很容易恶作剧，而超重的猫咪则面临着一系列健康问题，比如关节炎和糖尿病。这就是为什么让猫咪动起来很重要。和你的猫咪玩下面的游戏，看看它最喜欢哪个游戏。你也可以开发新的游戏。

寻宝游戏

每周至少和你的猫咪玩一次寻宝游戏，来激发它的捕猎本能。到了用餐时间，不要用它的猫粮碗盛放食物，而把食物分成几份藏在不同的地方，或者分别放在楼梯的台阶上。

放好食物后叫猫咪过来。你可能需要引导它找到第一份食物，然后你就可以退到一边，看着它依靠自己的嗅觉和捕猎本能找到剩下的食物。猫咪用餐结束后，记得要把食物碎屑或猫咪没有找到的食物清理干净！

墨菲在中间

这个游戏是为了纪念我的一只已经去世的黑猫朋友，它就叫"墨菲"。它喜欢跳起来去抓空中的东西。这个游戏需要两个人，还需要一些玩具或纸团（只要是你的猫咪会追着跑的东西就可以作为游戏道具）。

首先，和你的朋友面对面坐好，相隔3米远，把猫咪放在你们中间。拿着玩具或纸团晃来晃去，以吸引猫咪的注意。然后，把玩具或纸团扔给你的朋友，扔的高度要比猫咪四脚站立时的高度高30厘米左右，这样它就可以跳起来去抓玩具或纸团。注意，当猫咪走开或开始舔毛时，你应该结束游戏。

钓"鱼"游戏

没有一只猫咪能忍住不去探索空纸袋。利用纸袋和猫咪玩钓"鱼"游戏吧!

如果纸袋有提手,为安全起见,请把它们剪掉,以免猫咪在钻纸袋的时候被提手绊住。先在纸袋底部剪一个较大的洞,再把一个玩具或纸团绑在鞋带或绳子的一端,"鱼饵"和"渔线"就都准备好了。把纸袋放倒,使底部朝向你,将玩具或纸团从底部的洞中放进纸袋,玩具或纸团应位于纸袋的中央。

把猫咪放在纸袋的开口一侧,拉动鞋带晃动玩具或纸团,吸引猫咪钻进纸袋。当它一头钻进纸袋时,你要立刻把玩具或纸团从洞里拽出来。时机很重要——比一比你和猫咪哪个更快!

浴缸冰球

如果猫咪喜欢追逐小球和玩具，你可以打造一个"冰球场"，让猫咪展示它的运动技能。你只需要往空空的浴缸里扔个小道具，比如猫咪最喜欢的乒乓球、铝箔球或塑料瓶盖。

让小道具在浴缸里滚来滚去，发出声响。当猫咪成功抓住小道具的时候，记得表扬它。

用浴巾裹起来！

猫咪可能比狗狗难控制。

一般来说，猫咪更缺乏社会性，难以被驯化。此外，在自然界，猫咪既是捕食者又是猎物，因此当我们控制它们的身体、让它们保持不动时，它们会感觉受到威胁。当你给猫咪喂药或修剪趾甲时，保证双方安全是最重要的。你肯定不想被抓伤吧！最好的解决办法是，在一个大人的帮助下，用浴巾把猫咪裹起来。

宠物医生和动物专家建议，不要为了给猫咪喂药或修剪趾甲，去抓猫咪的后脖颈，因为猫咪会生气或惊慌失措，从而快速扭动灵活的脊椎企图逃跑，这时它会用锋利的爪子会抓得你鲜血淋漓。宠物医生和动物专家更建议用浴巾来控制猫咪，这种方法安全得多。对被控制时容易焦虑、恐惧或攻击人的猫咪来说，用浴巾将它们裹起来是很好的办法。

这一方法有三大好处。

* 保护你免受猫咪锋利的爪子和牙齿的伤害。
* 使"小病号"在服药时保持不动。
* 帮助受惊的猫咪平静下来。

要想成功地用浴巾将猫咪裹起来，你要记得一个关键步骤：积极地向猫咪介绍这块浴巾。你的目标是让猫咪习惯被浴巾包裹起来，你可以在猫咪平静放松的时候训练它，这样当你需要用浴巾把它裹起来的时候，你才能得心应手。最好在大人的帮助下进行训练，先把猫咪裹进浴巾里只让它待几秒钟，你只要用很多零食吸引它并不停地表扬它即可。训练几次后，它就会明白被浴巾裹起来并不可怕！

包裹猫咪

下面是制作"猫咪卷饼"的详细
步骤。

1 把猫咪放在浴巾上，猫咪距离浴
巾的长边 A 约 10 厘米，距离短
边 C 约 30 厘米。

2 拎起长边 A，使浴巾盖住猫咪的
前爪和胸部。

3 拎起浴巾的短边 B，将浴巾盖在
猫咪的背上。

4 继续拎着短边 B，将它绕到猫咪的下巴处，就像给猫咪围了一条围巾。

5 拎起短边 C，将浴巾盖到猫咪身上。让猫咪舒服地待在浴巾里，这样猫咪就不会挣脱出来了。

　　大功告成！"猫咪卷饼"制作完成，你可以放心地喂猫咪吃药或者给它修剪趾甲了（见第 114 ~ 115 页）。

113

剪趾甲时间到！

如果你的猫咪还未成年，请从现在开始像玩游戏一样轻轻地按压猫咪的肉垫，让它的趾甲露出来，每次只按压几秒，要给猫咪一些零食作为奖励，这样做能让它不抗拒修剪趾甲。相对来说，成熟稳重的成年猫咪可能在剪趾甲时表现得更平静。如果你的猫咪活泼好动，那么最好由宠物医生或专业的宠物美容师来为它剪趾甲。

猫咪"美爪"服务

如果可以一个人抱着猫咪，另一个人操作，那么在家里给猫咪剪趾甲就会比较容易，你不妨试一试。最好在浴室里或者其他能关起门的房间里为猫咪剪趾甲，这样你就不用担心它半路逃走了。你需要一条浴巾、宠物趾甲钳和宠物止血粉（在不小心把趾甲剪得太短而导致猫咪流血时，用于止血）。别忘了给猫咪准备一些零食！

1 用浴巾把猫咪包起来（见第112～113页），温柔地从浴巾里拉出它的一只爪子。

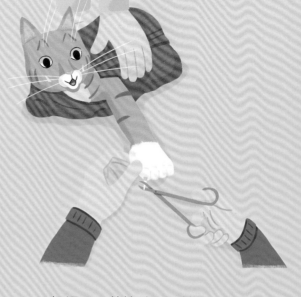

2 把你的拇指放在猫咪的爪背上，其他手指轻轻地按压肉垫，让趾甲依次露出来。

3 切记，只剪掉趾甲最前面的白色部分！粉色部分有血管和神经，如果剪到了粉色部分，猫咪会受伤流血。

我做到了！

在给猫咪剪趾甲的时候，你可以温柔地跟它说话。剪完后，解开浴巾，并奖励它好吃的零食。你也一定希望猫咪有愉快的体验，对吧？有可能要经历几次，猫咪才会意识到原来剪趾甲并不可怕！

如何做一名猫咪健康守护者？

我才没有生病！

狗狗通常会让主人知道自己不舒服或者受伤了，但猫咪往往会将自己的疼痛或虚弱隐藏起来。这就是为什么你要密切关注猫咪是否有反常的举动，这些反常举动会告诉你，你的猫咪生病了。

你的猫咪是否有以下反常举动。

* 猫咪上厕所的习惯突然改变。
* 猫咪最近胃口变差。
* 猫咪突然变得怕生，喜欢躲起来。
* 当你试图抱起猫咪的时候，它会打你或者发出嗥叫声。
* 猫咪经常抓挠东西或啃自己的爪子。

这些反常举动会提醒你，猫咪可能出现了健康问题，如果你发现了猫咪的反常举动，请告诉父母！

学习宠物急救

给予猫咪爱的最好方式之一，就是参加宠物急救培训，你可以和父母一起参加。以下是你应该学习宠物急救的 3 个原因。

＊ 当猫咪生病或受伤时，你能够保持冷静和专注。

＊ 及早发现猫咪的健康问题，从而帮助家里节省一笔去宠物医院的费用。

＊ 能够在紧急的情况下拯救猫咪的生命。

通过参加宠物急救培训，你将学会如何帮助一只被呛到或被蜜蜂蜇伤的猫咪。你还能学会如何给猫咪受伤的爪子止血，如何喂猫咪吃药，如何为猫咪做人工呼吸和心肺复苏……在宠物急救培训中只有你想不到的，没有你学不到的！

问问宠物医生吧！

猫咪体形这么小，为什么能跳得那么高？

里根（8岁）
美国华盛顿州

猫咪能跳得很高，这是因为相对于它们的体形，它们的大腿肌肉粗大且发达。它们蹬地跳跃时，就像被弹射到空中一样！

如果你想像猫咪一样轻松地从地面跳到房顶，那么你的大腿就得和你的腰一样粗！

马蒂·贝克尔博士
美国爱达荷州

给猫咪做一次全身检查

每个月给猫咪做一次全身检查，这样可以预防猫咪的很多疾病。给猫咪做全身检查也是你与它建立亲密关系的好方法。为了更好地做记录，你可以画出猫咪侧面、腹部和头部的示意图。一边给猫咪做检查，一边在图上标出你发现的问题，比如肿块、割伤、皮疹或有跳蚤。

抓一把猫咪最喜欢的零食（小块的烤鸡肉是大部分猫咪的最爱）；把猫咪带到一个没有人打扰的房间，比如浴室或安静的卧室，并关上门。把猫咪放在浴室的洗手台上或卧室的床上，先给它一点儿零食。翻到下一页，看看你应该做些什么吧！

你想抱抱我吗？

检查项目

在你画的示意图上标出你的发现，并告诉父母。每次完成体检后，别忘了给猫咪一些零食作为奖励，再好好表扬它一番，让猫咪喜欢上体检吧。

体检要从"头"开始。 先轻轻触摸猫咪的鼻子。健康猫咪的鼻子应该是略微湿润的；猫咪生病时，它的鼻子会非常干燥且有皮屑，更糟糕的情况是鼻子上满是鼻涕。

拿着零食，在猫咪眼前慢慢地左右移动， 检查它的头部和眼睛是否跟随零食转动。（当心，它会试图用前爪够零食！）

猫咪的两个瞳孔大小是否相同？ 如果两个瞳孔大小不一致，这意味着它可能出现了一些健康问题，你需要把这个问题告诉父母和宠物医生。

轻轻地将猫咪的每只耳朵向外翻， 检查耳朵内部，健康猫咪的耳朵内部应该呈漂亮的粉红色，而非鲜红色；再闻一闻，如果耳朵内部闻起来臭臭的，或者你看到耳朵里有类似咖啡渣的脏东西，就说明它的耳朵内部可能发生了感染或长了耳螨。

检查每只爪子， 观察肉垫上是否有伤口，趾甲是否太长，脚趾之间是否有蜱虫。

慢慢地抚摸猫咪，从它的头部抚摸到尾巴根部；用指尖轻轻按压它的皮肤，如果猫咪躲闪或反抗，就说明它可能肌肉疼痛或患有关节炎。

检查猫咪的腹部是否发红或起疹子。如果它愿意，你还可以轻轻地摸它的腹部，找找有没有肿块。注意，并非所有猫咪都喜欢被人抚摸腹部。

用除蚤梳检查猫咪身上是否有跳蚤。（宠物医生会教你怎么做。）

轻轻地抬起猫咪的尾巴，如果它的肛门发红甚至肿胀，或粘着干粪便，就表明它可能有健康问题。

检查猫咪尾巴上有没有伤口或肿包，以确认它的尾巴是否受伤。

关注猫咪的排泄物和呕吐物

通过关注猫咪的排泄物和呕吐物，你可以尽早发现它的一些健康问题。

小便——液体黄金

宠物医生常常把宠物的尿液称为"液体黄金"，因为它可以提供很多关于宠物健康状况的信息。健康猫咪的尿液应该是黄色的，而非橙色、粉色、红色或棕色的，并且尿液不应该有特别刺鼻的气味。

注意猫咪的如厕行为。如果猫咪的排尿频率和尿量突然发生变化，一定要告诉父母或宠物医生。例如，如果你的猫咪通常每天在猫砂盆里尿3次，但突然有一天你在清理猫砂盆时发现猫砂盆里只有一块尿块，或者有一块特别大的尿块，那么你的猫咪一定出现了健康问题。

做个"屎"学家

这份工作很臭，却非常重要。每次铲屎，你都要留意猫咪便便的颜色和形状。健康猫咪的便便是棕色的，形状像块小木头。

健康猫咪的便便不应该是下面这样的。

* 又小又硬，呈球状。这表明你的猫咪可能患有便秘。
* 像红褐色的泥。这意味着你的猫咪拉肚子了。
* 非常臭，看起来像咖啡渣。这意味着你的猫咪可能有内出血。你要马上带它去看医生！

凯西有话说

我们公猫有时会出现严重的尿路堵塞问题。有一次，我在猫砂盆里小便时遇到了麻烦，当时我痛得叫出了声，因为我只能尿出一点点。雅顿冲过来检查猫砂盆，发现我的尿液里有血，于是立刻带我去宠物医院看急诊，我被留在那里过夜。医生告诉她，如果她在第二天再带我来医院，我可能已经回"喵星"了。多亏她行动迅速，我很感激她！

123

呕吐物

引发猫咪呕吐的原因有很多，比如吃得太快，吃了变质和不能消化的食物（如牛奶），或者吃了有毒的植物和药物。有些猫咪甚至会因为晕车而呕吐。

当然，呕吐物很恶心，但是观察呕吐物是你作为猫咪健康守护者的重要任务。如果你的猫咪每隔一段时间就会呕吐一次，除此之外它一切都很正常，那么你完全不用担心。但如果它每天都呕吐，且不止一次，此外它行动迟缓，不吃任何食物，那么出于安全考虑，请带它去看宠物医生。

毛球是引起猫咪呕吐的重要因素。每 10 只猫咪中就有 8 只猫咪每月至少会吐一次毛球。毛球源于猫咪的日常"仪表整理"。猫咪不像人类一样通过经常洗澡来保持身体清洁，它们通过舔毛来为自己精心"梳洗打扮"。当它们舔毛时，舌头上的倒刺会钩住浮毛，浮毛会被它们吞下去。猫咪的消化系统通常无法完全消化这些毛，一部分毛会随便便排出，但还有大量毛堆积在胃里，它们与消化液混合，形成毛球。猫咪不得不通过呕吐排出毛球。

凯西有话说

我的毛油光闪亮，而且我几乎不吐毛球。想知道我的秘诀吗？雅顿会定期给我梳毛，去除多余的浮毛。她还为我补充粗纤维，比如每天给我吃一勺原味南瓜泥——南瓜泥真是太好吃了！

毛球的学名是"毛粪石"。

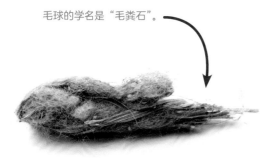

猫咪给自己梳毛时，舌头上的倒刺会钩住浮毛，浮毛会被它们吞下。

猫咪舌头上的倒刺朝喉咙方向生长，所以一旦浮毛被倒刺钩住，猫咪几乎不可能立即将浮毛吐出来，只能将其吞下。

让去宠物医院不再那么可怕

大多数猫咪喜欢待在家里，不喜欢出门，尤其是去宠物医院。对许多猫咪来说，最害怕的 3 件事就是：待在航空箱里、乘车和看医生。你可以尽自己所能帮助猫咪减轻它的不安。这里有一些建议。

把航空箱放在猫咪喜欢待的地方，比如你的卧室或客厅角落，让它熟悉航空箱。打开航空箱的门，往里面扔一些零食，让它随意进出。偶尔你也可以在箱门打开的情况下，让猫咪在航空箱里吃东西。

在汽车停着的情况下，让猫咪先熟悉车里的环境和气味。在车里喂它吃点儿零食，然后把它带回房间。这样多做几次，再请父母开车带着猫咪在家附近转一圈，让猫咪进一步适应坐车出门。带它多坐几次车，每次结束后都直接回房间，这能让猫咪感到更安心。

你可以把航空箱放在汽车后座下，或者放在汽车后座上并用安全带穿过把手固定好，以保证猫咪在车内的安全。千万不要把航空箱放在副驾驶座上，因为一旦发生事故，安全气囊可能会弹出来将航空箱压变形并伤害猫咪。而且，副驾驶座上有一只猫咪容易让司机分心。

使用猫用镇定喷雾。含有猫科信息素的宠物喷雾（比如费利威）能帮助猫咪平静下来，但人类闻不到它的气味。你可以在航空箱和车里喷一喷。

选择宠物医院相对不忙的时段带猫咪去进行常规检查，避免因为人太多而等待太长时间。猫咪在宠物医院待得越久，就越焦虑害怕。

等待时，把航空箱放好，让猫咪面对着你而非等候室里的其他宠物。

如果条件允许，不要把航空箱放在地上。让猫咪待在较高的地方，它会感到更安心。

如果猫咪在宠物医院非常紧张或兴奋，你可以询问医院的工作人员是否可以在无人的检查室或车里等待。

用平静、快乐的声音安抚猫咪，但不要高声说话。猫咪能很好地解读人类的情绪，你需要向猫咪传达"这里没有危险"的信息。在猫咪心里，一个人高声说话代表他不自信，无法掌控局面，一些猫咪会因此感到紧张或恐慌。

询问医生是否可以在检查时给猫咪吃点儿零食，以分散它的注意力。但一定要尊重医生的意见！有时候，你最好在猫咪紧张的时刻，比如在抽血或验尿时离开。这样你就是及时出现并安慰它的"小天使"啦！

什么情况下应该带猫咪看医生？

当你的猫咪出现了一些严重的症状，比如大出血、头部严重损伤或骨折时，你要带它去看医生。此外，当它出现下面的情况时，你也应该立即带它去看医生。

✳ 跛脚或者无法行走。

✳ 呼吸困难。

✳ 被其他动物咬伤。

✳ 有很深的伤口或被刺伤。

✳ 吃了有毒的东西，如汽车防冻剂、老鼠药或人类的药物（如阿司匹林）。

✳ 失去意识。

✳ 癫痫发作。

宠物友好治疗

　　越来越多的宠物医生认识到，有些宠物非常害怕进入候诊室或接受检查，于是他们在迎接和治疗宠物时，不再试图通过激烈的方式来控制它们，而采用更安全、更温和的方式。这种治疗方式被称为"宠物友好治疗"，旨在减轻宠物的恐惧、压力和焦虑，从而使宠物医生可以进行更准确、更彻底的检查。

　　例如，宠物医生会让猫咪尽可能地待在航空箱里。如果航空箱能从顶部打开，宠物医生就可以直接在航空箱里为猫咪做一些检查，这样猫咪会更有安全感。有些宠物医生会用毛巾将猫咪裹住，让它们平静下来。此外，宠物医生会在检查室里使用猫用镇定喷雾以缓解猫咪的焦虑。

宠物急救箱

在家里备两个急救箱是没有坏处的——一个给你和家人，一个给你的宠物。你可以把本地动物保护协会或宠物医院的电话号码贴在宠物急救箱上或其他显眼的位置，以便及时咨询宠物急救和用药问题。

医用胶带（固定绷带和纱布）

一次性医用冰袋（冷敷消肿）

抗生素药膏（给伤口杀菌）

医用酒精或异丙醇溶液（清洁伤口或给工具消毒）

止痒棉片（治疗蚊虫叮咬）

医用棉垫（包扎伤口）

自粘弹性绷带（防止猫咪抓挠或咬掉绷带）

医用纱布（包扎伤口）

安全剪刀（剪纱布或绷带）

宠物可用的
抗组胺凝胶
（治疗蚊虫叮咬）

一次性手套（保持你
的手部清洁）

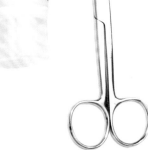

水基润滑剂
（和温度计
一起使用）

STYPTIC POWDER
Stops Bleeding

宠物止血粉（止血）

first aid

saline
solution

Sterile Saline Eye Wash

生理盐水清洗
液（冲去眼睛
里的异物）

蜱虫清理工具
（不要用镊子！）

直肠温度计（测量体温）

宠物趾甲钳
（修剪趾甲）

浴巾
（把猫咪裹起来）

嘴套（不要自己给
受伤的猫咪戴嘴
套，请大人帮忙！）

131

"喵星人"知识小测试 1 答案
（第 21 页）

1.错误。猫咪的眼睛里有一层特殊的薄膜和强大的感光细胞，这使它们在昏暗的环境中有更好的视力，但它们不能在完全黑暗的环境里自由行走。其实猫咪和你一样喜欢小夜灯！

2.正确。成年猫咪的眼睛是蓝色的、绿色的、棕色的或黄色的。

3.错误。有些猫咪在害怕的时候，比如在宠物医生检查时，为了让自己平静下来，就会发出"呼噜呼噜"声。此外，猫妈妈在喂养小猫时也会通过发出"呼噜呼噜"声来安抚小猫。

4.正确。土耳其梵猫是世界上最古老的猫咪之一，它们来自土耳其的凡湖地区。这种猫咪会把爪子伸到水里"哗啦哗啦"地拨水抓鱼。现在的土耳其梵猫大都喜欢游泳，因此被人们称为"游泳猫"。有些土耳其梵猫甚至能和它们喜欢的人在浴缸里一起洗澡！

"喵星人"知识小测试 2 答案
（第 83 页）

1. D。猫咪的胡须有很多功能。想一想，如果你长了胡须，你会用它来做什么呢？

2. C。古埃及人会剃掉眉毛以表达对去世猫咪的哀悼。当眉毛长回来时，哀悼期就结束了。古埃及人非常喜欢猫咪，他们还敬奉一位名为贝斯特的猫女神。

3. C。甩尾巴是猫咪发出的警告。遇到这种情况，你最好后退，因为它现在很生气或很害怕，可能会抓你或咬你。